谁决定了你的能?

写给人群中不出众的你

李健畅 著

知识产权出版社
全国百佳图书出版单位
—北京—

图书在版编目（CIP）数据

谁决定了你的能：写给人群中不出众的你 / 李健畅著 . —北京：知识产权出版社，2021.12
ISBN 978-7-5130-7864-1

Ⅰ.①谁… Ⅱ.①李… Ⅲ.①自信心—通俗读物 Ⅳ.① B848.4-49

中国版本图书馆 CIP 数据核字 (2021) 第 234299 号

责任编辑：赵　昱　　　　　　　　　　责任校对：王　岩
封面设计：北京麦莫瑞文化传播有限公司　责任印制：刘译文

谁决定了你的能：写给人群中不出众的你

李健畅　著

出版发行：	知识产权出版社有限责任公司	网　　址：	http://www.ipph.cn
社　　址：	北京市海淀区气象路 50 号院	邮　　编：	100081
责编电话：	010-82000860 转 8128	责编邮箱：	zhaoyu@cnipr.com
发行电话：	010-82000860 转 8101/8102	发行传真：	010-82000893/82005070/82000270
印　　刷：	三河市国英印务有限公司	经　　销：	各大网上书店、新华书店及相关专业书店
开　　本：	880mm×1230mm　1/32	印　　张：	7.375
版　　次：	2021 年 12 月第 1 版	印　　次：	2021 年 12 月第 1 次印刷
字　　数：	125 千字	定　　价：	48.00 元
ISBN 978-7-5130-7864-1			

出版权专有　侵权必究
如有印装质量问题，本社负责调换。

序

关于"能力"的别解

能力,一直是人们日常生活中的客观存在。对于它的理解有多种层次,可以是对一个人、一个组织的整体评价,可以是个人对自身工作生活完成程度的判定,也可以是对某一个存在所在阶段的认可。但毫无疑问,无论是组织还是个人,都希望自己有着超强的能力,并依靠它来完成巨大的作为。于是,每个人都致力于提升自己的能力,所以我们会学习,会训练,会钻研;在学习方面我们可以自学,可以进入学校学习;作为一个组织,我们可能有专项教育,有专门培训;为了身体素质的提高,我们可以跑步、游泳、打球。大家都知道,毛泽东主席曾经在党的七大预备会议上讲过一段名言:"要知道,一个队伍经常是不大整齐的,所以就要常常喊看齐,向左看齐,向右看齐，向中看齐。……看齐是原则，有偏差是实际生活，有了偏差，就喊看齐。"这一段风趣的语言归根结底，是要提高一个伟大的政党统揽全局、协调各方的能力和水平，提高内部统一协调、团结一致的力量，从而继续领导中国革命走向胜利的明天。

但是能力不是无限的。在我们历经的岁月中，也曾有过关于无限能的设想和实践，也有过关于能力的学术争论，但事实证明无限是不可能的。物质存在是一切事物的基础，这个朴素的辩证唯物主义思想到哪里都能站得住脚，只是有的人在某些时刻有意无意忽略了。其实，每个人甚至每个组织的能力都是有限的，因为客观事物存在限制性因素，一个客体和另一个客体之间也存在着差异。就像每个人都会跑步，但不是每个人都能够成为运动员，而在运动员中，足球运动员脑部控制腿部运动肌肉和脚部运动肌肉的大脑皮层厚度往往大于其他运动员；而跳高运动员控制全身肌肉瞬间举升的脑部沟回比其他运动员要深，因为反复训练会反复刺激和激发脑部沟回的增长，这已经被脑医学的先进技术所证明；但你必须先天具有受到刺激后能够生长的条件，你先得有基础然后才有后来，这个基础指的就是天赋。体育界、文艺界"星探"的职业就是找有潜力的人补充到"一线战队"中去，连我们国家改革开放的总设计师邓小平都认为足球得从娃娃抓起，也是觉得有天赋的运动员应该从娃娃时期就开始训练踢足球。有时候，在谋生和社会生存中确实是天赋其能的，与拼命练习还真没有太大的关系，所以我们认为，人天生是有限的。

不过，我们人类从来没有向限制屈服过，无论是在肉体的存在还是意识的提升上，无论是在对我们人自身进行精微的研究、疾病的治疗，还是向广袤自然、无限宇宙的探求上都从来没有停止过前进的脚步。我们每个人在人类征服外部世界的大军中，自觉成为其中的一分子，为人类整体的能力提升尽心尽力，并在或微妙细致，或波澜壮阔的过程中提升着我们个人在行业内的能力和水准，这是宇宙的发展规律，也是自然的发展模式。参与其中，我们有自豪，有冲动，有成就，有挫折，有喜悦，当然，也有泪水，甚至有的时候，还有鲜血。人类社会也因此前进着。

问题在于，每个人都经历能力的提升，每个人都渴望实现人生的抱负，然而最后结果却经常大相径庭，引得古今中外许多豪杰英雄气短，空留悲叹。这是成功学研究的课题，也是我们大家关心的课题，这一类的书籍和著作比比皆是。李洁同志已过天命之年，在公务员岗位工作多年，难得的是勤学不辍，尤其在成长心理学与社会生活的结合方面颇有心得。他利用业余时间，完成了这本《谁决定了你的能》，很有读头。他提出，一个人提升自己的能力，重要的是有两点：一是要有情怀，不一定许党许国，家国天下，但心里要有利他利众的初心，要有"定盘星"和"压舱石"；二是要知行合一，不但要知道，而且要做到，要不断去做，不断去实践。他想告诉大家，其实做更为重要，同时要做得有成果，并使成果在过程中不断返回来滋养内心的追求，才能取得更大的成功，才能成就一个辉煌的人生。这个观点，是作者本人从工作实践和人生历练中总结出来的真切之语，也是我们在工作和生活中应该选择的道路。

如果没有良好的初心，成功也是侥幸，而且"恶之花"是人类要防范的，因为它危害一方，我们反对这样的成功，我们追求以正义为底色的成功，同时，如果没有实践的成功，你良善的追求和济世的思想，会无所附着，因没有附着也会渐趋消亡，很多人可能忽略了这一点，所以走着走着就走成芸芸众生。

运用在生活中的成功滋养高远追求，进而使内心光明持续发扬光大这个论断，需要有人认真地观照，认真地论述，所以这本小册子显得十分难得，它也闪耀着唯物主义的理论光芒——任何时候，实践以及实践对理念滋养的意义，都是不能被忽略的。

序

美国的企业管理学大师彼得·圣吉（Peter Senge）在他的著作《第五项修炼：实践篇》中，引用了南部非洲纳塔尔北部部落里人们的一种思维架构，就是任何时候你必须让他看到某个人，他才承认那个人的存在，否则那个人就不存在，以至于那里的人见面后，互相打招呼，并不是说"你好"，而是说"我看到你了"。这种固执的思维一定有它的道理：我看到才是"真的"。这是个朴素的想法，也是最落地、最接地气的想法，这对花里胡哨的世界未尝没有意义，对笃信"空手套白狼"的人未尝不是一副清醒剂。彼得·圣吉先生在其著作中引用这样一个非洲部落的思维架构，意在告诉我们，信念和理念最好去实践一下，让人看到，这样团队和群众就会更好地被你领导，因为人大脑里的认知最喜好的还是简单与朴素，最好——让我看见。

所有理念必须有可以看到的实践成果，才能被接受和应用，这种思维架构又何尝不适用于世界的其他角落的其他人群以及其他领域呢？理论要有实践的佐证，对团队来说是这样，对一个人的终身成长来说也是这样，人精修自我，追求高尚，心有信念，但要赋能实践，打拼生活，只有有了成果和效果，才能长久，才能持久而长远，才能坚持下去，这是个事实，也是本书于社会的裨益。彼得·圣吉在书中有一句话十分契合本书的核心要义:"因为我们愿意看到彼此作为人的本质,所以才能够激发各自的潜能。"

是为序。

兰州大学管理学院名誉院长、博士生导师

2021年10月

目 录

第一章 人生的限制 …………………………………… 1
  一、人生成长与精神成熟的镜像 ………………… 5
  二、肉体的我们 …………………………………… 13
  三、祖传的认知 …………………………………… 27
  四、量，制约着能 ………………………………… 52
  五、结论 …………………………………………… 66

第二章 人生的境界 …………………………………… 68
  一、阳明指点迷津 ………………………………… 69
  二、了解知行合一 ………………………………… 76
  三、做到内圣外王 ………………………………… 84
  四、专心笃致良知 ………………………………… 89
  五、不断攀援境界 ………………………………… 94

六、致良知的峰巅 ············· 96
　　七、结论 ················· 103

第三章　人生的练路 ············· 105
　　一、一个立 ················ 106
　　二、二个看 ················ 121
　　三、三个练 ················ 129
　　四、四个好 ················ 157

写在后面的话 ················ 210
　　一、知行的平和 ·············· 210
　　二、心念与笃行 ·············· 212
　　三、人生的莹彻 ·············· 219

参考文献 ··················· 222

第一章 人生的限制

人生是什么？肯定是一个过程。关于人生，中外仁人志士的论述已是汗牛充栋，中外学者分别从哲学、人类学、社会学、成功学等角度对人生予以论述，有许多精妙之语。不过笔者最赞同的是一位亡者在其墓志铭上关于人生的描述，他说："当我年轻的时候，我的想象力从没有受到过限制，我梦想改变这个世界。当我成熟以后，我发现我不能改变这个世界，我把目光缩短了些，决定只改变我的国家；当我进入暮年后，我发现我不能改变我的国家，我的最后愿望仅仅是改变一下我的家庭，但是，这也不可能。当我躺在床上，行将就木时，我突然意识到，如果一开始我仅仅去改变我自己，然后作为一个榜样，我可能改变我的家庭，在家人的帮助和鼓励下，我可能为国家做一些事情，然后谁知道呢，我甚至可能，改变这个世界。"

这段话来自一座墓碑，这个墓碑，坐落于英国威斯敏斯特教堂国葬陵墓,墓主人应该是一位地位显赫却又不愿留下姓名的人。威斯敏斯特教堂又叫西敏寺,是英国皇家大教堂,在英国众多的教堂中地位显赫,既是英国国教的礼拜堂,又是历代国王加冕及王室成员举行婚礼的地方,几年前,英国王室的哈利王子便在这里迎娶了新娘。许多人不知道的是这里还有一个国葬陵墓,这里安葬着诸如牛顿、达尔文和丘吉尔等著名的科学家和政治人物。能安葬在这里,是至高无上的荣誉。所以,这位静卧在地下、墓碑在陵墓丛林中并不显眼,且又不愿刻上自己姓名的人物,很有可能是一位学养深厚、德高望重的大师,他的墓志铭折射出他对人生的看法,值得我们仔细玩味和体会。许多世界政要和名人看到这块碑文时,都感慨不已。当年轻的纳尔逊·曼德拉看到这篇碑文时,顿时有醍醐灌顶之感,觉得找到了改变南非的金钥匙,他从改变自己开始,终于改变了他的国家。"要想撬起一个世界,它的最佳支点不是整个地球,不是一个国家,一个民族,也不是别人,而只能是自己的内心。"纳尔逊·曼德拉看完墓碑后作出了对自己人生的诠释,并将其作为以后人生道路的指引。

之所以将这样一个碑文的内容放在本书的起始,是因为本书整体的框架和思想都围绕着一个中心,就是人无论做什么,

第一章 人生的限制

无论你想取得一个什么样的成果，人生要走到哪个境界，最先要做的是认识自己，改变自己！因为，自己是起始，是根本，是条件，是基础。而且，你要知道，人天生是有限的。先天的禀赋不好，你可能有不少短板，这些短板导致你在人群中并不出众，而这种不出众可能伴随你一生。

我们说纳尔逊·曼德拉，作为黑人的他最开始做律师，面临的环境是白人的天下，他是有色人种，是"先天不足"的，但他凭着自己的努力，终于成为一国领袖，其中的艰难可想而知。我有时在想，我们一些"先天不足"的人，就像有色人种一样，面对环境，你是天生受限的。顺着这个思路往下走，对这种限制我们如何认知呢？似乎是这样，这个限制在每个个体出生的一瞬间就决定了。我们很难说是谁设定的，但它就是这样确定了一个人的"量"。而且似乎肉体和精神的"量"，决定了你事业和生活的"能"以及能达到的高度。你的肉体所天赋的能，后天锻炼的能，决定了你精神的能量，决定了你的意志品质和在环境中的作为，从而决定了你成为社会人后的成就以及能达到的高度。是不是这样呢？

我们现在来回忆一些生活场景。你跟人说话，双方意见相左，你希望说服对方，就想出许多例子和数据，但对方一直很执拗，甚至有些胡搅蛮缠，声音也很大，你慢慢感觉到自己有些气短，有些无力，逐渐有些厌烦，逐渐就放低自己声音，逐渐放弃自己的想法，逐渐放弃对他人的说服……这种场景也许不是第一次，发生多了，你知道，你已经习惯这样了……

另外一个场景，许多人在场，大家都在议论一个话题，纷纷表态，气氛热烈，你对此很有研究，很想发表真知灼见，但你突然发现，你的声音小，似乎也大不起来，说了两句，也没人注意你说什么，你面对此景，也没兴趣说了……

另外一个场景，你参与一个社交场合，突然给你一个单独发言的机会，要你短暂地主持局面，你语无伦次，不知就里，抓不住重点，词不达意，语调无力，声音颤抖，你很有失败感……

另外一个场景，大家热烈交谈，席间有个人引经据典，口若悬河，引人注目，你很想参与进去，而且，那人说的经典你都读过，理论上你可以参与，应该参与，当别人把问题抛给你时，你语焉不详，你突然卡壳了，因为，你没记住原文，依稀记得原句子，你记忆力不好……

能对上述情形感同身受的人，就是我们说的"不出众"的人。尽管你很努力，或内心知道应该怎么做，但身体很沉，不听使唤，气力不足，你不得不怀疑，身体是不是没有给你提供这样的动力？通过观察和比对，我们似乎寻找到一些规律性的东西，人的肉体的力量和精神力量之间隐约存在着一种镜像关系。

一、人生成长与精神成熟的镜像

在人发育成长的过程中，人的肉体和精神分别沿着各自的系统发展，如果我们把两者的成长路径描画出来，我们会发现它们遵循同样的内在运行规律完成各自过程，粗略比对看，所描绘的人生命与精神成长过程中，人在度过少年期以后向青年转轨的过程中，精神世界经历了一次类似从婴儿到少年的生长过程，这个过程好像在说：肉体经历了什么，那精神也经历了什么；或者说，附着在肉体上的精神经历了两次提升的过程，这其中，肉体与精神是紧密关联的。

美国心理学家埃里克·埃里克森（Erik Erikson）把人生分成了八个阶段，即"八阶段论"，每个阶段都有一个成长的矛盾，不难发现，似乎存在两个生命成长周期：一个是肉体，一个是精神；一个起步在0岁，一个起步在12岁，二者在成长历程中存在着镜像关系。或者进一步说，人的肉体与其精神世界，在从雏形到完备的过程存在着镜像关系。两个世界自成系统，却又互相关联，互相影响，互为镜像。笔者仿照埃里克森的"八阶段论",总结出了人生的九个阶段,如下表所示。

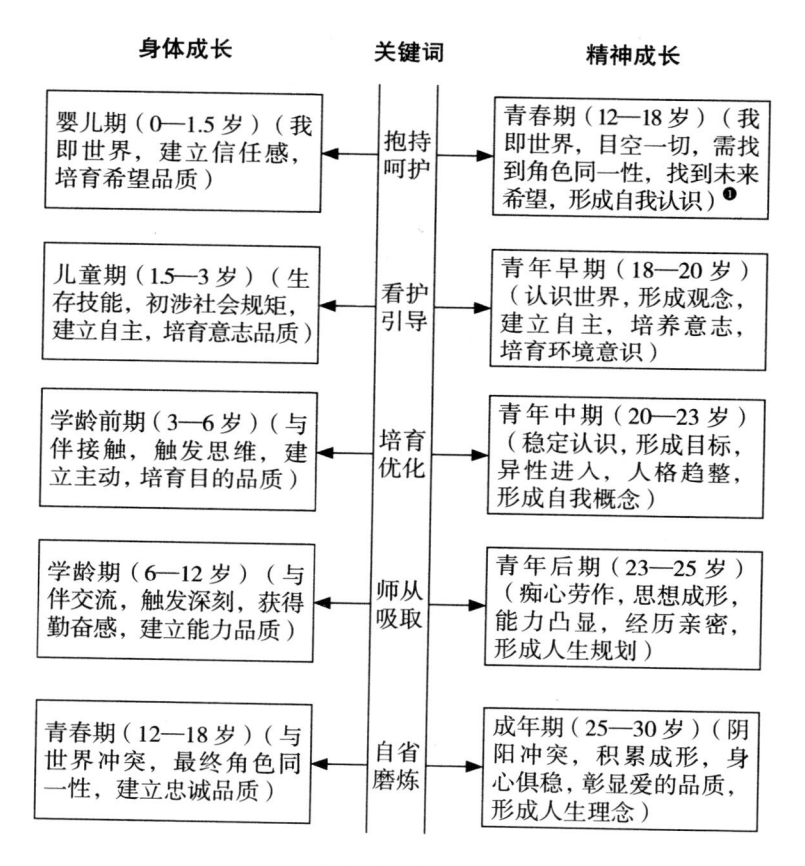

身体成长	关键词	精神成长
婴儿期(0—1.5岁)(我即世界,建立信任感,培育希望品质)	抱持呵护	青春期(12—18岁)(我即世界,目空一切,需找到角色同一性,找到未来希望,形成自我认识)[1]
儿童期(1.5—3岁)(生存技能,初涉社会规矩,建立自主,培育意志品质)	看护引导	青年早期(18—20岁)(认识世界,形成观念,建立自主,培养意志,培育环境意识)
学龄前期(3—6岁)(与伴接触,触发思维,建立主动,培育目的品质)	培育优化	青年中期(20—23岁)(稳定认识,形成目标,异性进入,人格趋整,形成自我概念)
学龄期(6—12岁)(与伴交流,触发深刻,获得勤奋感,建立能力品质)	师从吸取	青年后期(23—25岁)(痴心劳作,思想成形,能力凸显,经历亲密,形成人生规划)
青春期(12—18岁)(与世界冲突,最终角色同一性,建立忠诚品质)	自省磨炼	成年期(25—30岁)(阴阳冲突,积累成形,身心俱稳,彰显爱的品质,形成人生理念)

人生的九个阶段

先说自然体的人类,从婴儿到青壮年是一个闭环的成长过

---

[1] 青春期既是一个人精神成长的开始,也是身体成长的尾声,因此在表格中出现两次。

程，即从幼儿成长为成人，开始生儿育女，是一个完整的闭环。从一开始，人类在母体中感受人类世界，然后被诞出母体。婴儿时期的孩子自己就是世界，自己就是一切，想吃就要吃，想睡就要睡，排泄、吮吸、睡眠都需要并且大多都能得到无条件的满足。埃里克森将这个阶段称为婴儿期，这一阶段的婴儿主要是发展和获得信任感，他要获得他对世界的绝对控制，能完全信任周围环境的一切，不产生任何怀疑，这个阶段婴儿要建立的人格特征是希望品质，如果条件良好，他（她）建立了对周遭世界的信任，并对未来充满希望。

我们都需要在婴儿时代被最好地抱持

之后，人类便进入了儿童期，在儿童期的家庭，主要是让他获得自主感、主动感，克服羞怯，努力养成意志品质，形成自己独立的意志，有自己的思考。我们会发现，大人对小小年纪就会独立思考的孩子是十分欢喜的，这意味着家长对孩子的哺育是成功的。之后孩子会分别经历学龄前期和学龄期，接触同龄人，主要的任务是克服胆怯，接纳朋友，强化自律，遵守他律，自律并反思，萌动并发展目标品质，培养勤奋的精神，训练自己的能力，去迎接和面对世界。

进入下一阶段，人类就进入了青春期：躁动，分裂，叛逆，甚至角色混乱；以特立独行、反叛为光荣，历经挫折、任性、精疲力竭后完成角色同一性，真正了解自己，认识到自己的真实面貌，逐渐成为真实完整的人。

我们来看精神成长，人生的精神体成长似乎也是一个闭环过程，与生理成长相镜像。它的开始我认为是埃里克森所说的的青春期，即12岁到18岁，这个时期的青少年觉得世界是他的，他就是世界的主人，挥斥方遒，指点江山。现在很多年轻人的崇拜对象乔布斯，进入叛逆期时几乎无法无天，在13岁时写信给惠普公司的CEO索要一个电子元件，信中振振有词，要求对方无条件满足他；勉强高中毕业后他就选择了一所素有反传统文化大本营的学校——波特兰里德学院，直接找到学生会主席，要求允许他免费住宿和听课。这种"我就是世界，世界就是我的"豪迈情怀，其精神状态正如自然体成长过程中的"婴儿期",拥有"我是世界的主人,谁也不能阻止我"的执拗本能和认识,特别脆弱,特别敏感,需要有母亲般包容的人或者环境呵护。正如英国幼儿心理学家唐纳德·温尼科特(Donald Winnicott)所说:世界上最好的妈妈给予婴儿的那种最好的保护是协助其完成从豪气冲天到世界如常的平安降落。妈妈协助"婴儿"成长,协助其度过青春期,壮怀激烈的年轻人开始信任别人的善意,开始在与外界的碰撞中自省、清醒、冷静,最终将这种豪情保留在毕业纪念册的题记中,找到角色的同一性,形成自我认识。

进入下一阶段,即青年早期,即18岁到20岁这个年龄段,这是青年人思想发生沉淀性变化的年龄,他与刚迈入小学学堂的孩子时期相对应,青年进入了社会,开始接触真正的社会成人人群,认识世界,形成认识,建立自主,培养自身意志。从"我就是世界"的狂妄中平静下来,形成了环境与人交互并存的环境意识,在精神领域,要完成意志品质的塑造。为人生打下坚定、笃定、确定的精神基础。如同儿童在学堂的成长一样,这个阶段,青年人在这一时刻需要有"先生"或者老师看护和引导。

在下一阶段,即青年中期,就是20岁到23岁的阶段。这个阶段,个体有大量的时间与其他人相处,这也包括与彼此吸引的异性相处，此刻，20多岁的他（她）们需要的是家长和他的环境给予培育和协从。个体对世界的认识趋于稳定和完整，人格趋于成熟，他们形成自己人生的目标，一个叫做"自我"的概念在思维深处逐渐成形并清晰。

下一阶段是青年后期，即23岁到25岁的阶段。进入这个阶段的青年人，对应已届初中的孩子时期，他们显然已经在自己的阶段性上趋向成熟，他们有了自己成形的思想，知道世界是自己创造的，他们已经向世界展现出自己的能力。这个阶段的关键词是师从和优化。骨感的现实磨炼青年人的性格，小有成功的要克服失败带来的羞耻，还在起步的要面对渺小带来的自卑。在一次或多次的恋爱之后，青年对人与物的看法成熟了，找到了适合自己的那一半，终其一生；找到自己决定依靠它养家糊口并为之奋斗，被人类社会称为"事业"的东西，完成了人生的规划，养成了成人诚实的品质，并有了（慈）爱的品质萌芽。

再下一阶段就是25岁到30岁，即人的成年期。精神会再次出现类似青春期一样的波动，因为比较，因为差距，人再次对环境进行认知，有时甚至是冲突，有的人身体也出现了新的生理激荡和考验。此刻，繁衍欲望和内心焦虑成为最大的困惑。正如同在自然体成长闭环中青春期所面临的局面一样，旺盛荷尔蒙发挥着重要作用（医学研究证明：男性雄性激素在30岁达到顶峰），面对伴侣，他希望和她就是整个世界，相互之间有一个完美的"抱持"；面对事业，他希望掌控局面，一帆风顺。然而，在这个时刻这基本上是不太可能的，总会出现这样那样的龃龉，这样那样的冲突，总会有各种不如意。怎样才能与伴侣、与事业和谐相处，共生共荣，成就一个辉煌人生，对每个人都是考验，每个人都需要有一个良师益友。

惯常，恋爱和同居的激情会被日常柴米油盐所浇灭，爱情会向亲情转化，事业的激情会被日常生活所消耗，刚开始的热爱也要向琐碎和平淡转变。但此刻的人已经拥有清晰的认识，思维成熟，短暂的冲突不会改变大的走向。通过短暂震荡，身心俱稳，升华出爱（慈爱、普爱、大爱）的品质。在这个阶段，自省和磨炼是核心要素，除个别以外，社会人群都能依靠自己探索加之友人的指点以及伴侣合力，整合思想，稳步前行，形成自己一生信服并遵守的理念。

常常在这时候，一个新生命的到来会加速个人成熟的过程，很奇怪，大概这就是自然赋予人类进步的力量吧！一个新的生命会消解发展停滞造成的苦闷，一个新生命的快乐成长给平淡生活以色彩和向上的力量。恭喜各位的是，在你为新生命喜悦的同时，你很可能事业也有了新的进步——一个新职位会让你平淡无奇的事业亮丽起来，也让你的生活和世界充满了希望和阳光。

家庭生活的稳定意味着生活有自己的锚地

然后，你的人生就进入平川期，日子和年轮在成长中、期盼中一天天过去。成功者建设伟绩，有为者塑造形象，最终每个人由各自世界的主人变为现实世界的合作者，成为我们社会在各自环境中平静生存的细胞。

我们看，人生肉体成长是一个过程，社会人格成长是一个过程，二者有许多相关相似性，是造物的神奇还是客观的规律呢？在成长过程中灵与肉存在这样的影射和镜像，似在说明，肉体或者人体物质的"量"与人体精神或者综合的"能"是相关联的，存在某种逻辑关系，可以做这样的推演，我们的能，取决于我们的量，量在一出生，就确定了基数，奠定了基础，它是一个定数，它就是人生的上限。这个定数，是你制定人生目标的物质依据，是你一切人生目标的"天花板"，是不是这样呢？

二、肉体的我们

（一）大块头有大能量

从物质的层面，我们在生活中稍加留意就会发现，大个子容易出众，容易引人注目，容易引人艳羡。大个子迸发的能量常常比小个子大，尤其是男性。当然你可以举出小个子也很出众的例子，比如拿破仑，甚至希特勒。但是，很多中外名人的个头都在180厘米以上，这也是一个不争的事实。这就是个体在出生时，父母遗传给他的能量大于一般人，如果没有这个天赋只能表示遗憾了。中国古代哲人荀子说："人，力不若牛，走不若马，而牛马为用，何也？曰：人能群，彼不能群也。"人类成为众生之王的原因，是人能群，而"群"，就不是一盘散沙，而是群龙有首。而作为从森林中依照丛林法则走出的人类会天然选择块头大的个体做首领，做骨干，做依靠（随着人类社会发展，还加上头脑清晰这个条件），这是人类的一种潜在基因和生物本能，如今我们一般都会下意识地这么去做，这或许就是心理学家荣格（Jung）所说的人类"集体无意识"的组成部分。[1]荣格认为：这种深层的无意识与个人无意识的内容不同，它显现在所有民族与所有时代的神话与传说中，而且也见之于毫无任何神话知识的个人身上。这么直接说出来有些惊人：大个子，就是有优势，激烈的集体对抗运动中，大个子总是被作为核心来依靠；一个班主任，总要在班委里选大个子，毕竟，为其他孩子提供服务有时候是体力活。

据资料统计，美国总统个头都在180厘米以上。国父华盛顿，据说身高187厘米，约翰·亚当斯密说"华盛顿每次被选为国家行动领导人的原因就在于他总是屋子里面个子最高的"。20世纪90年代以后的三个美国总统，小布什是最矮的，身高180厘米，克林顿身高188厘米，奥巴马身高187厘米。据说，小布什也是最近几届美国总统中智商最低的，此种论断在他父亲身上得到印证，老布什高达188厘米，大家都知道他的智商

---

[1] 荣格：《潜意识与生存》，华中科技大学出版社，2017年7月第一版，108页。

第一章　人生的限制

挺高。里根总统被美国舆论评为"二十世纪最伟大的美国总统"，与华盛顿、林肯、罗斯福齐名，身高 185 厘米。远望罗斯福和肯尼迪，一个身高 188 厘米，一个身高 186 厘米。有一张照片记录了这样一个细节，也是经常被遗忘的一个小的历史故事：1963 年，身高 186 厘米的肯尼迪，接见了美国青年学生代表克林顿，那时的克林顿只有 18 岁，已经比同学高出一截了，能当学生代表去接受总统的接见，说明他在同学中所拥有的高度恐怕不只是身高。

当然，我们不能认为小个子就没出息，普遍而言，小个子身体动能较小，容易被忽视，这是一种社会交往常态。但也有例外，若有例外，一定有发生例外的潜在条件，那就是内在蕴力十足，能量充溢于胸。阿根廷球王马拉多纳身材不高，但精力超人，足球场上风驰电掣，以"上帝之手"帮助阿根廷夺得 1986 年世界杯冠军，斩获金球奖，1990 年获世界杯亚军，被认为是二十世纪最伟大的足球运动员，在足球场上书写了一段传奇。同样个子矮小的拿破仑拥有疯狂的占有欲，说明他的能量没有体现在个头上，而用其他方式作了表达；更为离谱的是希特勒，身高 165 厘米，在日耳曼民族里显然是矮小的，但他成为那个时期德国的"英雄"，做了许多出格的事。

小个子有时更渴望得到重视

　　这里有一个心理学上的问题值得研究。仅仅就希特勒这个个体而言，究竟为什么做了那么多出格的事，我们不得而知，也不宜研究，但心理学的一个学术研究成果与此有关。心理学关于心理补偿的理论研究表明，因为某项功能的缺乏，人的潜意识会暗中驱使人寻求缺项的补偿，比如从小缺失父爱的女子在选择配偶时可能对年龄大的男性更感兴趣就是一种明证，它确实是一种在人群中存在的心理现象和行为，个子小的人可能比其他人更渴望得到重视。

（二）大脑袋有大思考

再说大脑，人们普遍认为脑袋大的人比较聪明，这似乎也是事实。尽管有人用一些反面例子证明聪明与脑容量无关，但还是有更多的例证能够证明脑容量的确与智力密切相关。据研究，爱因斯坦的大脑某些区域明显高于普通人。1985年，美国加州大学伯克利分校一批学者，从一小块爱因斯坦的脑组织里发现，其中为神经元提供营养物质的胶质细胞比平常人多。到了1999年，又一批学者报告说，爱因斯坦的脑顶叶和外侧裂都比较宽，说明他脑袋大。我们从最通俗的角度讲，假如大脑仅仅拥有存储器的功能，那大容量的存储器的运算速度肯定高于小存储空间的，这一点毋庸置疑。科学家经过研究发现脑容量与大脑表面积有关系，大脑表面积则与大脑表面的沟回有关。人体大脑表面的沟回越多，说明大脑灰质中的神经元细胞越多，神经元也较多，就存在先天优势，智商会更高一些。据有关文章报道，荷兰阿姆斯特丹自由大学的娜塔莉亚（Natalia Goriounova）团队对脑面积、脑沟回等进行了更直观的观察，他们观察数位需要接受脑部肿瘤手术或者严重癫痫手术的患者，并且事先做好沟通，让每一位患者在进行手术之前做了智商量表测试，并对其当下的社会行为和社会成就做了确认，而在手术期间通过镜下观察大脑颞叶等部位（颞叶区域负责视觉感知、语言识别和记忆形成，而这些因素都和智商有关）。结果表明，与智商量表分数低的人相比，分数高的人的脑细胞体积显著更大，社会的地位和成就显著较高。研究团队还测试了神经元传递电信号的能力，研究者用微电子荷刺激神经元，并逐步加大频率。智商偏低者的神经元刚开始能够传导低频电信号，但随着频率的升高，细胞容易疲劳，信号传导速度变慢。相比之下，来自高智商者的神经元则不会出现因疲劳而传导速度下降的情况。它证明了体积大的细胞拥有更多的树突（树突是神经元与其他神经元相连的突起部分），而且它们的树突也更长，表明这些神经元能够接收、处理更多的信息。

神经元的英文书写是 neuron，是能够接受加工或传递信息到其他细胞的细胞。哺乳动物脑内已确认有 200 多种不同类型的神经元，人类大脑中大约有 1 千亿到 1 亿亿个神经元。神经元一般从一端接收信息，再从另一端发出信息，接收传入信号的部分称为"树突"，显微镜下它像张开的树冠向外扩展，树突的基本任务是接收从感受器或其他神经元发出的刺激。然后这个神经元的胞体通过一条被称为"轴突"的向外延展的纤维将所接受的刺激传递出去，"轴突"传递信息的长度不到 1 毫米。它的末端是一个庞大的球状结构，科学家将其命名为"终扣"，它能刺激附近的腺体肌肉或其他神经元，把指令落实到腺体、肌肉和其他神经元。人们常常会产生疑问，信息是通过什么传递的？医学科学家经过解剖发现，"运输兵"是神经元内液体中的各种"离子"，有钠离子、钾离子、钙离子等，当神经冲动到达"轴突"的节段时，带正电的钠离子流入"轴突"，离子的运动使细胞内液相对细胞外液具有70毫伏的负电压，它提供了神经细胞产生动作电位的电化学环境，于是，它们开始运动，神经冲动就沿着"轴突"向下传递，到达"终扣"，指令就传达了，每一个连续的指令都是一个一个动作电位启动与平复，直到这个指令结束。

知道了工作机理，我们就不难理解为什么荷兰科学家做的实验中，智商较高的人脑细胞突触都不易疲劳，因为脑部相关部位体积较大，或者说"树突""轴突""终扣"更长、更丰满，细胞离子数量众多，可以分兵作业，轮换值守，所以不易疲劳。

中国科学研究院心理研究所研究员沈政教授说，"一个神经元是由大小、形态各异的细胞体和细胞突构成的。细胞突，分树突和轴突两种。更大的细胞突（包括树突和轴突）可能拥有更多储存记忆的空间"。阿姆斯特丹自由大学的这个研究得到来自美国西雅图艾伦脑科学研究所（Allen Institute for Brain

Science）的克利斯朵夫·克什（Christof Koch）教授的高度评价，他说："我们早已知道大脑尺寸和智力之间存在某种关联。该团队不仅证实了这一点，而且还在单个神经元水平进行了深入的研究。做得很漂亮。"

现代医学已经能让我们看到脑部不同区域的活动情况。脑部划分为不同功能区，它因不同需要启动和运行，我们通过现代脑成像技术观察到：第一，复杂思考过程需要调动更多的脑区参与工作，更多的脑区需要被激活，所以人在处理重要事务时需要相对平静，相对安静，否则，其他因素会分散脑区和精力。我们在处理完一个重要事件时会感到疲惫，就是因为被调动的脑部区域连续工作。第二，心理学家建议大家应该上午——大脑相对纯净的时刻进行有创造性的工作，因为脑容量是有限的，褶皱区多一点，能被调动的区域就多一点，处理工作的效率就高一点，你就变得更出色一点；心理学家还风趣地建议大家如果你和你心仪的女同事外出，尽量选择平坦干净的街道，因为道路泥泞，你要注意脚下，尽量避开水坑，交谈会出现困难，会极大影响你出色发挥。另外，建议你与重要伙伴不要在经过菜市场时说关键和重要的话题，因为分心（脑）的因素太多了，你会顾此失彼。这是脑容量与思考水平、智力水平相关联的明证。第三，期待的状态是最佳学习状态，也是大

第一章 人生的限制

脑的最佳工作模型。当一个人对一件事充满期待,打算十分注意地聆听时,大脑会腾出更多的脑区来用于这项工作,消化能力更强。好奇是最好的动力是有科学依据的!原因就是好奇促使大脑腾出空间,准备承接大批量的工作,因此你才会有更强的动力、更好的状态去探索研究,从而取得更好的效果。

作为人类而言,原生家庭所拥有的先天环境也会促进婴儿脑细胞增长,决定出"大"与"小"来。20世纪60年代,美国的心理学家直接用动物实验来证明这个现象,它就是心理学界著名的"罗森茨威格的老鼠实验"。美国加利福尼亚大学的马克·罗森茨威格和他的同事们专门选了同一窝老鼠,分成三组。第一组为"标准环境",第二组为"贫乏环境",第三组为光线充足,秋千、滑梯、木梯、小桥以及各种"玩具"齐全的"丰富环境"。几个月后,科学家发现处于"丰富环境"中的老鼠最"贪玩",最活跃,处于"贫乏环境"中的老鼠最"老实",最木讷,解剖后看到发现,"丰富环境"组的老鼠在大脑皮层厚度、脑皮层蛋白质含量、脑皮层与大脑的比重、脑细胞的大小、神经纤维、神经胶质细胞方面比其他老鼠优势明显,比在"贫乏环境"的老鼠脑部神经突触大50%。无疑,丰富的刺激"壮大"了大脑皮层,从而提高了脑突触和各种"离子"的运行能力和速度。

我们把环境放大到人类社会，城市的孩子往往会比环境相对贫乏的乡村孩子拥有更多智慧。一个人从小生活优越，生活环境复杂而多样，往往有比其他人丰富的大脑，大脑皮层增厚，大脑沟回加深，先天的"量"增大，相应"能"也大。这样说，承认先天优势也是对心理学中"环境决定"学说的支持和尊重。早期婴儿对大脑环境没有选择，所以可以归到先天的"量"的范畴。大脑成长的关键期，好的环境，复杂的环境，丰富的环境，就可能拥有比别人更好的发展条件，就可能拥有比别人大的"量"。

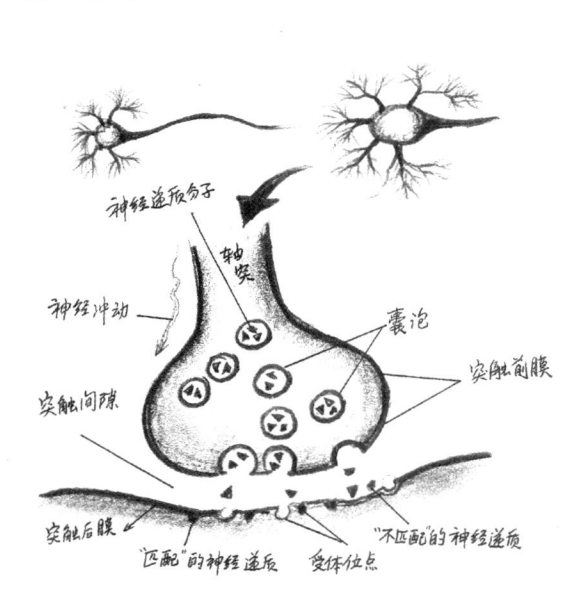

人类大脑的认知机制仍然是值得研究的

脑部体积大，或者说容量大，就是代表有着更多的可能性。大的"存储"更利于容纳更快的处理器，更利于对处理器进行不断优化和调试，更利于提高运算速度，更利于在面对纷繁复杂时调动更多脑区去发挥、表现。一个人所拥有的脑量，决定他的脑能。

（三）好身胚就有好状态

个人身体条件怎么样，是决定你未来发展的基础和前提，这应该是大家的共识，不用做更多的阐述。普天下父母都渴望生个健康的宝宝，世界上许多民族都有溺死体弱婴儿的传说。今天中国人的仕途人群——公务员填报个人档案都必须自报健康情况，拟任干部的条件中都有一条：具备可以履职的身体条件。身体的强壮与否决定了你的抗击打能力，决定了你抵抗病菌的能力，一定程度上，身体的质量决定了你社会生存的质量，有形肉体的能量决定了你无形精神的质量，这可以被视作具有动物本能的人类遵循丛林法则的延续。

这其中，我认为存在更为直接的是，身体肉体对应关联人的精神以及社会成就，它的重要集中点在身体的耐力上。身体的耐力是人天生的能力。我们常常发现，身体耐力差或耐受刺激阈值较低的人，事业发展往往会半途而废。因为涉及隐私问题和伦理学禁忌，我们不可能做书面问卷并公之于众。但人体的耐力的确与事业成就息息相关，天生敏感的人往往不会有太大的事业成就。当然，需要排除文艺领域工作者，也要排除一些特殊人群。

  同样从事一项运动，有的人反应剧烈，有的人气息如常。支撑不住的人主要因为肌肉酸痛，进而力不可支，坚持不住。这是什么原因？因为剧烈运动时每一个动作都要靠肌肉收放来完成，肌肉中的能量物质大量分解释放，一松一紧之间，产生大量的乳酸，若不能及时氧化和排出体外，在肌肉中积存下来，刺激肌肉中的神经，就会使人感到肌肉酸痛，从而感到痛苦，感到力不从心，想要放弃。怎么消除酸痛呢？那就要加快血液循环，尽快消解和疏散。那么问题就来了，大个子大块头，肌肉多，心肺大，乳酸产生出来后，是不是流转得更快，消散得更快，身体"灌溉"面积大，吸收得就更快一点呢？答案是肯定的。所以，大块头的身体较之瘦小的身体，健硕的身体较之羸弱的身体就有优势，他所承受的痛苦就小，更容易克服，容易克服就容易坚持。而天生娇小的身体，肉体很痛苦，肉体痛苦，还会传导给精神，机体就会自主选择减轻、减缓、更换甚至放弃（这里暂时不探讨精神和意志的作用）。这是两种体量所呈现的必然的两种结果。我们把视野放到人生事业发

第一章　人生的限制

展的纵贯线上，大块头可能感受到的东西没有那么多，耐力会更好，也便没有那么痛苦，就会选择坚持，就会选择再来一次，所以持久力、"续航"能力更好，成功的概率就高。已届中年的人们知道，事业、生活需要的不仅仅是"爆发力"，还需要坚持。成功者无一例外都是坚韧不拔、坚持到底的人。所以，要续有更好的持久力，身体的"量"是一个前置，甚至似乎是一个前提，是先决条件。在这里郑重建议，我们大家，尤其是男同胞，最好努力扩大自己的"灌溉面积"：一是增强肌肉力量，提高肌肉耐力的训练；二是提高心肺功能，目标是使心脏保持旺盛的生命力，遇事能够坚持。

对身体素质重要性的认识，远可追忆中外哲人，近可遍参时代贤达，甚至可以说，因为有对身体素质重要性的认识，伟人们早早就开始给未来事业打基础——强化身体训练，尤其是一些在困难条件下开展工作的伟大革命家。在《红星照耀中国》一书中，毛泽东给埃德加·斯诺介绍说：我和我愿意交往的有志青年经常在一起，"我们也热心于体育锻炼，在寒假当中，我们徒步穿越树林，爬山绕城，渡江过河，遇见下雨，我们就脱掉衬衣，让雨淋，说这是雨浴；烈日当空，我们也脱掉衬衣，说是日光浴；春风吹来的时候，我们高声叫喊，说这是叫做风浴的体育新项目。在已经下霜的日子，我们就露天睡觉，甚至到 11 月，我们还在寒冷的河水里游泳。这一切，都是在体格锻炼的名义下进行的，这对于增强我的体格，很有帮助，我后来在华南多次往返行军中，从江西到西北的长征中，特别需要这样的体格"❶。无疑，那个年代革命家们已经清楚地看到，身体是革命的本钱。大概率上讲，身体弱小的人，尤其是男人，是没有横刀跃马的担当精神的。在这里讲概率是说总体情况，绝不排除小个子中有英雄豪杰。

豪饮时的镇定自若或不能自持源于体能与体质

变革系列丛书的作家水木然先生直言不讳地说"到了 35 岁往上，很大一部分人体力跟不上高阶职位的需要"。他说：

---

❶ 埃德加·斯诺：《红星照耀中国》，人民文学出版社，2016 年 6 月第一版，第 138 页。

"很多上学时候的想法现在都颠覆了。比如当年我们都觉得，决定人生高度的，是勤奋或者是智商。智商不够勤奋补，总之一共就两个变量。现在才发现，其实都不是。最重要的是体力。"

他又说：在体能上超过你一点点，反映到每件事情上就都比你强那么一点点。这里多一点点，那里多一点点，时间一长，他在做其他任何事情上都会比你做得好，那他当然更有可能获得成功。

所以，对体能的提高就成为我们的必选项。体育或者说体能训练可以提高人的意志力和耐受能力，可以拓展人体肌肉的力量，可以提高人内在的力量，从事业基础的角度讲，眼下加以训练，训练身体，训练意志，实际上是培育自己的明天，是为人生中艰难困苦和铁肩担当做好准备。

三、祖传的认知

肉体的先决条件我们已经充分认识到了。我们再来说意识。我们从什么时候开始意识到自己呢？一般来说，大概是孩子上小学的阶段。这个时期的孩子需要建立的是勤奋感，需要克服的是自卑感。孩子们逐渐认识到，他是一个独立的个体，他们需要在小环境里生存下来，依靠已经掌握的生活知识，在一个集体中品尝喜悦、幸福、痛苦、挫折、失败等情绪。那么什么时候有独立意识呢？按照埃里克森的观点，自发意识的形成是在12岁到13岁，这个阶段重要的是建立自我同一性，而要克服的是性别同一性混乱，即找不到自己，完全形不成自己对外做人做事的思路和样本。经过磨砺，这个过程就过去了，人形成了自我意识，并逐渐强烈，正式进入青春期。人一开始是从原生家庭建立健全自我意识和社会意识的，你身边是什么人就带给你什么样的意识。心理学上有一个著名的论断："无论何种家庭，它都帮助个体形成对他人反应的基本模式，而这些模式，反过来变成个体一生与他人交流的基础。"[1] 也就是说，你的原生家庭带给你的模式是什么，你就有怎样的一个思维意识基础。它带给你的视野和格局会伴随你一生，并且几乎（我说几乎）不可改变。

如果你是一个脸上长满青春痘的孩子，正处在这一时刻，你会在与外界的交往中回望检视，你会有一种焦躁感，感到有很多事情你不满意，但你根本改变不了。我们看，青春期大略起步和初露端倪都是从对家庭、对家长的不满意开始的，因为

---

[1] 理查德·格里格，菲利普·津巴多：《心理学与生活》，人民邮电出版社，2016年1月第一版，第330页。

伴随着孩子成长,原生家庭具有的视野和格局,99%青春期的孩子都是不满意的,他们感觉自己原来的环境像枷锁一样束缚着自己,想要挣脱,感觉到有一种天边的新的东西吸引自己,这个时刻,青少年叛逆就会产生,惹人恼恨的青春期开始了。它表现为各种不满意,表现为各种逃脱,表现为各种不沟通,表现为对各种更强大的东西的渴望。然而,谁的青春期都不会绵延无期,在岁月的成长中,孩子们渐渐地发现,他们厌烦的东西是可以接受的,甚至是摆脱不掉的,附着在自己身上的东西根本无法改变,原来的思维意识如影随形,进而,叛逆的孩子多半会回归正常,这就是祖传的认知。

对遗传力量的厌弃或悦纳取决于个人心灵的成长

除了个别人会有一些出色的表现，完成了更高层次自我更新外，大量的孩子，经过了青春期的逃离而不能之后，彻底感觉到与生俱来的东西根本无法改变，多数都会偃旗息鼓，最终演化为对现实的认可。

　　我们说，青春少年对自我及家庭的检视没有错，是人对自我的第一次清醒认识，家长应理性地看待，科学地对待。中外很多家长在这一刻，积极用自己的努力去应对挑战，来应对孩子的回望和检视，一方面，用鲜明的方式让孩子看到家庭独有的精神追求和优势，这种优势原来就有，但一直是一种隐性存在或者没机会展示，而今天把它展示出来，彰显它的价值。另一方面，努力学习，通过和孩子一起成长，来适应孩子心灵成长性的需要，这是好的家长，多半也是成功的家长。这能很有力地帮助孩子度过叛逆的青春期，也能提高家庭的精神价值，这是我们一代代家庭进步的过程，值得珍惜和推崇。孩子的叛逆是家庭关系提升的催化剂、助推器，世界上许多女性亲子心理学家和儿童教育学家都满怀温情地说：孩子是来和我们一起成长的。

　　一起成长很重要，经历了叛逆期，大多数孩子的叛逆都屈从了遗传强大的力量，不自觉地走上一条老路，依然按照老一辈的格局和境界为人处世，这又似乎印证先天的力量。这是我们人生悲哀的地方，我们会在传统力量的旋涡中渐次沉沦。等历经了一定岁月，我们发现，原生家庭带给我们的东西，是难以磨灭的，它固定了我们的模式，它固定了我们的格局，它固定了我们的走向，比如，大方与小气，憨厚与狡黠，勤劳与懒惰，真诚与虚伪，与世无争和锋芒毕露；待人接物，思维方式等，我们都不能避免祖上的痕迹。所以，叛逆期是孩子的"发烧""阵痛"与成长，又何尝不是一个家庭成长的契机呢？孩子需要什么？孩子渴望一个怎样的高度，家长都应该去研判、分析，去学习、提高。作为父与子、母与子，要以同样的信心和毅力开启一个全新的自己。两代人同样从父母那里继承了品质，只要自己努力，是会发生变化和提升的。这取决于你有这样的信念，你有这样的欲望，你要有"心"。

这里有一点需要说明，我们不否定"神识"的存在。西方生命学中一直承认和强调"神识"，似乎就是我们平常所说的"天赋"，即每一个生命是带有一些不同于前辈基因的先天禀赋的。这个或许是上帝，抑或是自然生命随机的安排，是自然奥秘的所在。所以有许多孩子表现出与父母完全不同的特质，尤其是在艺术领域，有的孩子确实是有与父母完全不同的禀赋，农民的儿子可以成为音乐家，著名科学家爱因斯坦也不是出生在科学家的家庭。这个神奇现象迄今未得出科学结论，它不以人的意志为转移，应归到"先天"的范畴。天赋同样决定你的人生，它是天生的能力，并通过"预设"决定你的未来。

（一）拓本的格局

从认知层面，我们先天固定下来的东西有两样，一为格局，二为认知方式。格局是基础性的东西，它是人的肉眼配上特殊机器也看不见的"精神骨骼"，决定了人的精神"身高""体格"和"气力"。认知方式则是方法论，是手段，是人是否可以认识问题，是否能辨析事物机理从而形成判断的思维过程，是可以演化提升的手段。我们先来说格局。

格局有大小之分，大者处事唯高，视野开阔，雄才大略，赢得信众，成大事业。小则器量狭小，目光短浅，斤斤计较，不成气候。何谓大？我觉得两点很重要，一是懂得分享，二是兼济苍生。曹操与刘备相比，曹操的格局就比刘备大，曹操把部下私通袁绍的信件一把火烧了，说："彼吾不自保，何况其乎？"可见其心胸不在一时一事。史书记载，烧自己属下私通对方首领信件的还有一个人，就是汉光武帝刘秀。刘秀攻下河北邯郸，发现部下写给当时势力很大的前分封王王朗的很多书信，他立即召集全体将士，一把火把书信全烧了。这两人的作为如出一辙绝不是巧合，两人分别都成就了不朽功业，一定是有共同的原因的。再相比较，刘备怕是没有这样的魄力，连自己夫人都常常不保的人，"能"上肯定有问题，"量"也不会太大，这是一个反向推理题，其实也是成立的。刘备的传人阿斗"乐不思蜀"，已经印证了这一点：刘备的能力应该是有限的，所以，后人便是阿斗，没有也不可能培养出曹丕这样刚武雄伟的儿子。你注意观察你身边的人，凡有大格局的人，作为不同寻常，必有大出息。古人云"以公灭私，民其允怀"，社交平台微信群里疯转的一段文字叫《吃尽了委屈，喂大了格局》，实际是对的，你为什么能吃尽委屈？因为，你有大格局，有点委屈你可以忽略不计。腾讯创始人马化腾属下的一位高管年薪高达 2.74 亿元人民币，而马化腾本人仅有 3000 多万元的年薪。一般人都以为不妥，但马化腾和那位高管却安之若素，马化腾觉得这不损害他的形象和实力，那位高管也没有因为自己"钱高盖主"而心里不安，害怕惹祸上身，说明他们这个团队知道，马化腾不是那样的人。很多老板都想用最少的钱请到最好的员工，他们总是想占员工的便宜。其实，聪明的老板一定要让员工感觉到占了公司便宜，这是认知格局的差别。马化腾为什么支持摩拜单车？因为创始人胡玮炜曾经在腾讯干过两年，这就是马化腾对待离职员工的态度。很多人都知道，马化腾是一个就事论事、不记仇的人，他不计较员工的离去，也不怕培养竞争对手，他懂得分享，也正是因为这样，他有竞争对手，但是没有一个真正的敌人，因为他有容忍通达的气度，虚怀若谷的大德和格局。

不计前嫌和设身处地是格局与成熟的体现

有一回，日本歌舞伎大师勘弥，扮演一位徒步旅行的女性，他在上场之前，故意解开自己的鞋带，试图表现这个女性长途跋涉的疲态。正巧那天有位记者到后台采访，看见大师的

第一章　人生的限制

学员并没有照着大师的示范去做，但戏还是演出来了。演出结束后，记者问大师，你为什么当时不指出学生呢？他们并没有松开自己的鞋带呀！大师说：要教导学生演戏的技能，机会多得很，在今天的场合，最重要的是要让他们保持热情，不要因为一个细节干扰整体气氛，而且容易让大家误解，以为我只为了我的面子。如果他们有这样的想法，以后交流就有障碍。

　　在商界，还有一个成功人物，就是李嘉诚。李嘉诚在商业上不可谓不成功，秘诀是什么？谦虚和分享！他说："有钱大家赚，利润大家分，这样才有人愿意合作。假如拿10%的股份是公正的，拿11%也可以，但是如果只拿9%的股份，就会财源滚滚来。"他还说："商业合作必须有三大前提，一是双方有可以合作的利益，二是必须有可以合作的意愿，三是双方有共享共荣的打算，此三者缺一不可。"相应地，他"绝不同意，为了成功而不择手段，刻薄成家，理无久享"。发生在20世纪70年代关于香港九龙仓一役的征战，恰好反映了李嘉诚的格局与心胸。其实，英资怡和洋行控股的九龙仓地块及附属物有意出售，早就看好九龙仓黄金价值的李嘉诚，暗中布局吸股。但此刻另一家商业巨头船王包玉刚也早有意得手，也在积极吸股，两厢碰头，导致股价上涨，李嘉诚成为第一大股东的可能性变得玄妙起来。李嘉诚审时度势，分享的理念使他立刻做出

35

了重大决定——大家一起发财！他请老友汇丰银行总裁沈老板出面，约见船王包玉刚，共襄港界商事，以互换的方式合作。他接受了船王显然高出正常价格的出价，帮助包玉刚拿下英资九龙仓；作为回报，包玉刚帮助李嘉诚一举拿下自己已经有股本的英资和记黄埔，二人实现了双赢，显示了着眼大局的敏锐和双赢的理念。

我们并不羡慕与己无关的辉煌，而计较身边人的腾达

"清代第一首辅"张廷玉的父亲张英，实际是清朝康熙年间

一代名臣，素心执业，克勤克俭，稳居宰辅，深得朝野上下深深敬服。但后人记住的却不是他官场的不俗成绩，而是一封小小的家书，这封家书在告诉人们，如何提高自己的格局去为人处世，如何在世事纷扰中，做出自己的价值判断，保持气定神闲、恢弘大气的良好形象，这大概也是张英在几十年的官场生涯中屹立不倒的原因吧。他的家书是这样写的，"一纸书来只为墙，让他三尺又何妨？长城万里今犹在，不见当年秦始皇"。

有一幅图相信大家都见过：

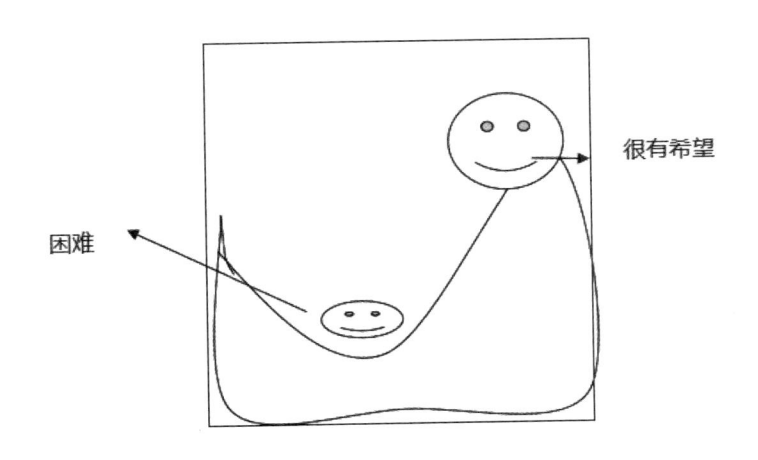

高度不够看到的都是困难，没有高度纠结的都是"鸡毛蒜皮"，这就是格局

网名为"炉叔"的作者曾经讲述过这样一个故事。一位朋友说起他家里的往事。他们家小时候比较穷，但是和隔壁邻居

关系特别好。有时候他爸妈不在家，邻居还会喊他过去吃饭。后来，他父亲的生意慢慢走上正轨，家里条件逐渐好了起来。但是没想到，和邻居的关系却渐渐疏远了。那个时候葡萄比较贵，有次家里买了一箱葡萄，给邻居送了半箱，没想到邻居却拒绝了，说自己家里的孩子不爱吃这个。之前家长忙的话，邻居接孩子的时候会把他顺道带回来。有一天，母亲的自行车坏了，要去修车，找邻居帮忙接一下他，邻居直接说了句："你家这么有钱，干吗不买辆汽车接孩子啊？"结果，那天，他母亲走了一个多小时，才把他接回家。后来听他母亲说，其实自己家生活好起来之后，想过要报答邻居，因为之前两家人关系特别好，邻居也帮了不少忙。但是谁也没想到，事情后来会发展成这样。这就是见不得别人的好。而一个见不得别人好的人，永远不会有宽眼界、大格局。

著名的企业之神稻盛和夫在77岁高龄接手濒临倒闭的日本航空公司，使其在短短的一年多时间里就获得重生，这其中有什么诀窍呢？公司上市后的第二个月，有记者聆听了稻盛和夫的亲述。

稻盛和夫说，有两条是非常关键的：

第一，我的零工资行为给了全体员工很大的精神鼓励。我接受政府的邀请出任公司董事长时，已是快80岁的老人，在许多的员工眼里，我是他（她）们的爷爷、父亲或叔叔，我一生与日本航空公司没有什么关系，却愿意不领一分钱的工资而为日本航空公司的重建奉献最后的力量，给了全体员工一个很好的榜样。

第二，按照政府再生支援机构的重建要求，日本航空要裁一部分员工，我呢，尽量让更多的员工能够继续留在公司里工作。我之所以答应政府的邀请到日本航空公司来担任董事长，也是我认识到不能让它倒闭，不能让它影响日本经济，也想尽可能地保住更多人的工作机会。

上述二者均显示出领导者的格局和境界，日航不起死回生，没有道理。

格局大的另一种表现形式就是兼济苍生，拥有这个格局的第一人为佛祖释迦牟尼——乔达摩·悉达多，他是印度一个王国的王子，自愿放弃王公贵族的生活，致力于唤醒苍生，探究人生真谛。一个人能放下王子的生活，放下美丽的妻子和可爱的儿女，去帮助千万个普通民众，这是什么格局呢？我们不可能人人成佛，但我们所知道的许多现实中的成功人士何尝不都以天下苍生为己任？演员布拉德·皮特和前妻安吉丽娜·朱莉，领养了七个其他国家的儿童。没有人要求他们这么干，他们觉得帮助一些困难的人是分内的事。中国古人总结道"皇天无亲，惟德是辅，民心无常，惟惠之怀"。❶ 胸怀天下，这是对一国之君的基本要求，也就是格局。不是每一个人都有机会驱逐外侮、治理郡县，但要有这样的心思，要以满腔热忱去面对世界。所谓"心中有风景，眼前无是非"。

"没什么，我就是看不惯他那做作的样子，看不惯他显摆炫耀，看不惯他油嘴滑舌，看不惯他吹牛嘚瑟……"生活中，你会经常遇到看不惯的人和事吗？当看别人不顺眼时，到底是什么心理在作祟？想要克服这种心理，又该从何做起？看不惯的背后，有一颗强求的心。看别人不顺眼，本质来源于不认同，即观点或意见相左。其实，大多数事情本无绝对的对错，每个人的认知都来源于各自不同的生活经历和体验。把自己的价值观当唯一，甚至固执地要求别人按照自己的标准行事，只要跟自己不同，便看不惯，这是狭隘和局限。因别人的生活不符合自己的标准，就指指点点，甚至要求别人应该怎么做，这是在要求别人满足自己，是一种自私。

殊不知，每个人都有自己的生活方式和选择，都是"不一样的烟火"。

"党同伐异"，说到底，还是修养不足。有修养的人，很少

---

❶ 《群书治要》，原文出自《尚书》，北京联合出版公司，2014年7月第一版，第27页。

认为自己才是正确的、高级的，因为他们同时尊重他人的努力和选择，他们会"以责人之心责己，以恕己之心恕人"。

现在，我们停下来，你可以回想一下，你周围谁拥有普济天下的情怀，他在你心目中一定比别人印象好吧，更赢得了你的好感吧？不是吗？你是不是更喜欢接近他，和他相处，他是不是比他的伙伴更出色，职场也更顺利呢？格局，常常外化为一个人的眼界与心胸，只会盯着白菜帮子里的虫子的鸟儿不可能飞到白云之上，只有眼里和心中充满了蓝天白云，只有眼里和心中充满了山河天地的雄鹰，才能自由自在地在天地间翱翔。

心中有山河，自然天地阔

（二）零差别认知

我们再来说认知方式。认知方式就是我们如何看待事物和周围世界，非常不幸，或者说非常幸运，这也是天生的。如果你有（没有）某种禀赋，你就高兴（沮丧）吧！同样一件事，每个人都有不同看法，原因呢，你会说，资历啦，知识积累啦，等等，但这里要告诉你的是，你的思维方式，你的认知习惯，都是天生的。我非常赞成心理学教科书上的一句话，"无论何种家庭，它都帮助个体形成对他人反应的基本模式，而这些模式，反过来变成个体一生与他人交流的基础"。

人体科学表明，人类思维的器官是大脑（现在似乎也有人在证明是在心脏），现代研究显示，大脑组织结构80%来自遗传，人类认知的主要几种能力，心理学家已经进行了广泛的研究和讨论。早在1904年，英国心理学家斯皮尔曼（Spearman）就提出了人类智力的二因素论，即认为人类智力存在G因素（一般因素）和S因素（特殊因素），按照斯皮尔曼的解释，人的一般能力是先天遗传的，主要表现在一般生活活动上，显示了个人能力的高低；特殊因素就是一些特殊的技能，就是指人的一些特长和禀赋。斯皮尔曼说，据他研究，一般智力较高的个体，其大脑的一些区域拥有更多的脑组织。

美国心理学家雷蒙德·卡特尔（Raymond Cattell）则把智力的构成区分为流体智力和晶体智力，他认为晶体智力是后天获得的，受文化背景影响很大，与知识经验的积累有关，主要表现为运用知识去解决问题的能力，晶体智力能被人持续保持，并且还会有增长，一直到六十岁才逐渐衰退；而流体智力是人基本的能力，是先天处理事物的能力，很少受社会教育影响，是个体通过遗传获得的学习和解决问题的能力，是天生的，并且随着年龄增长而下降。这就是《三字经》里的经典之语"性相近，习相远，苟不教，性乃迁"。

到了20世纪80年代，美国哈佛大学的心理学家霍华德·加德纳（Howard Gardner）提出了多元智力理论，他将人类的智力体系划分得更细，一共有八个职能范畴，这八个方面的智力特长是与生俱来的，这与我们日常理解的"天赋""天分"是一个概念。所以他提出了与中国思想家孔子相类似的教育理论——"因材施教"，不要一味走"独木桥"，而应根据孩子的先天的优势去发挥他的专长。他又提出了人的两个综合智能，一是探照灯式的智能模式，二是激光式的智能模式，这二者也是先天形成的，显示出两种不同学习、认知模式，也是学校班级里有两种学生样板的原因。

美国还有一位心理学家曾提出智力三元论，他就是罗伯特·斯滕贝格（Robert Sternberg）。他认为，个体之所以有智力上高低差异，乃是因为其面对刺激性情景时个人对信息的处理方式的不同，这是对"智力"理解的升华和延伸。❶之前心理学家提到"智力"，其含义偏重于"智商"的层面，但斯滕贝格实际使用了人们生活中惯常对"智力"二字的理解，就是这个人"办事"的能力。这种论断我认为比较接近事实。一个人智力的高低，都反映在他日常的待人接物上。我们不可能随时随地测验智商和情商，但我们每天都看到和接触不同的人，对事物的不同处理方式反映了其智力水平。是不是这样呢？对的。我们说一个人很聪明，往往是因为他很会处理事情。在这个方面，我认为最重要的是有两个维度。一是纵向的，即看问题的深度；二是横向的，即看问题的宽度。深则为优，全则为上。我们先来看深度。

在20世纪初，中国积贫积弱，被列强瓜分和凌辱，一批有志青年致力于救国救民，纷纷找寻出路。很多人，包括周恩来、朱德、蔡和森等，纷纷把目光投向了飞速发展的欧洲大陆，继而选择走出去，选择到海外寻找振兴中华的药方。这其中只有一人看到了中国的问题不在外而在内，中国不能照搬

---

❶ 中国就业培训技术指导中心和中国心理卫生协会组织：《心理咨询师·三级》，民族出版社，2005年8月第一版，第148页。

第一章 人生的限制

西方的发展道路，这个人就是毛泽东，他看到中国的问题在国内，在农民，在广大的农村，在枪杆子，在武装割据，中国不是换谁来当皇帝的问题，更不能指望软弱无力的内阁，或者说内讧不止的党派来控制野心勃勃的军阀；不能指望封建思想充盈大脑的乱世枭雄建立一个人民当家作主的政权，而要全国的大众自己组织起来，通过武装斗争，建立一个以彼此平等、共同富裕为目标的政权。这个问题，毛泽东看得深，超过了所有同时代的人，所以毛泽东成了人民领袖，成了中华人民共和国最高领导人。

一个人看问题深不深，在日常生活中时刻都有体现，台湾塑料大王王永庆卖米起家的故事人人皆知。王永庆曾经是米店的学徒工，就是在米店的发展上完成了自己的原始积累。米店的学徒千千万，为什么成功的是他？诀窍是他的小本子。他在一个小本子上详细记录了顾客家里有多少人，一个月吃多少米，何时发薪等，当顾客买了米，他主动送米上门，与众不同的是他把顾客家里的米缸的陈米倒出来，将新米倒在下面，将陈米放在上面，这样陈米就不至于因盛放过久而变质。这个小小的举动令不少顾客深受感动，铁了心专门买他的米，在这样一个小小的问题上，王永庆看得比别人深，他看到了顾客的需求，看到了营销的真谛在于"抓心"。后来王永庆自己说："虽然当时说不上什么管理知识，但是为了服务顾客，做好生意，就认为有必要掌握顾客需求，（后来）逐渐扩充演变成为事业管理的逻辑。" ❶

深入的见解助人成功

我们再说人在认识问题上的第二个能力，即指认识的全面性问题。我们批评一个人了解事物不全面会说"一叶障目，不见泰山"。那见"泰山"是很容易的吗？不容易，甚至训练提

---

❶ 双根：《王永庆全传》，华中科技大学出版社，2010年1月第一版。

高的作用也有待商榷。我们佩服一个人在生活中的出众，多半是他看问题很全面，并且能够恰当地处理问题，这样的人多半会成为团队的引领者。英国伊丽莎白女王在前王妃戴安娜因车祸而身亡后，曾执拗地居住在行宫中，不回伦敦官邸，为什么？按当时的英国首相布莱尔的说法：因为这个女人（指戴安娜）差一点毁掉了她最珍视的一切。但是，当伊丽莎白女王看到英国民众和世界舆论都给予戴安娜超乎寻常的爱戴时，她认识到，在家庭生活中，戴安娜或许有问题，而戴安娜后来致力于保护儿童，致力于慈善事业，致力于绿色地球行动，已经超越了家庭成员的身份和责任，成为一个有益于社会的人。因此，伊丽莎白女王选择回到了白金汉宫，在电视里发表讲话，为死去的戴安娜致哀并对其给予高度评价。

认识全面并不容易，认识全面需要有境界，有行动；认识全面有时需要放弃自己的偏见，放弃自己的固执；认识全面更需要知识的积累和积累带来的深刻。能不能全面看待发生的事物，并给予恰如其分的评价和处理，考验一个团队的引领者，考验一个家庭的长者及尊者。

华为公司总裁任正非十分重视企业技术创新能力，他称之为"立异精力"，他认为企业假如没有了立异精力，故步自封，最终只能"死路一条"。任正非总是不惜代价地投入人力和财力在研制立异上，就是期望华为可以越走越远。华为每年从销售额中提取 10% 作为研发经费，紧紧捉住战略性核心技术开发不放。1996 年研发经费达两亿元，1997 年三亿到四亿元，现在就更是一个庞大的数字了。他告诫部下，只有继续加大出资力度，才能缩短与国际的距离。在二十一世纪进入第二个十年的今天，任正非的眼光具有的战略意义已经自不待言了。

任正非曾经对联想总裁杨元庆说："开发可不是一件简单的工作，你要做好投入几十个亿，几年不冒泡的预备。""但不能由于这样，就不去立异，仍是要立异的。"他在企业里反复讲，企业国际竞赛力首要是来源于两个方面：一个是本钱优势，另一个就是技术立异的优势。技术立异的优势是首要的，尤其是对于通信行业来说。最近这三十多年来，每一年都有大的立异，变革改变一日千里，开展十分迅猛。一开始十分贵重的大哥大，笨重又不便利，像砖头一样，后来逐渐演化成了轻盈灵便，又很便宜的手机。一开始人们通过邮寄信件传递信息，后来有了电报机，便可以发电报传信，比通信要快许多，再后来有了电脑，可以发 QQ、MSN，还可以面对面视频，即使隔着几千里，也能瞬间"碰头"。基于此，任正非将"按销售额的 10% 拨付研制经费"写进了 1998 年出台的《华为公司基本法》里。

第一章 人生的限制

向哪个方向用力同样是领导人的认知,任正非在《创新是华为发展的不竭动力》一文中指出:"信息产业前进很快。它在高速开展中的不平衡,就给小公司留下了许多机会……昨天的优势,今天可能全作废,天天都在发生技术革命。在新问题面前,小公司不明白,大公司也不明白,大家是平等的。"华为员工正是在他的引领下知道这些,知道自己与国外老牌子公司相比实力缺乏,不是全方位地追赶,而是紧紧围绕中心网络技术前进,悉数投注力气。紧紧抓住网络中软件与硬件的要害,构成自己的核心技术。在敞开协作的基础上,不断强化自己在核心范畴的领先地位。❶

既深刻又全面就形成了非同一般的格局。格局的背后其实还有善良,善良就会顾全,即为兼顾,顾全即为不执拗。格局更多时候体现为兼顾,兼顾在于考虑的不是自己利益而是整体的平衡发展。格局背后其实还有善良,善良就会顾全,顾全即为不执拗,不自私。

著名音乐家李斯特有一个义收学员的故事。有个年轻的姑娘要开音乐会,斗胆在海报上说自己是李斯特的学生。演出前一天,李斯特突然出现在姑娘面前。姑娘惊恐万状,抽泣着说,冒

---

❶ 孙力科:《任正非传》,浙江人民出版社,2017年4月第一版。

称是出于生计,并请求宽恕。李斯特要她把演奏的曲子弹给他听,并耐心加以指点,最后爽快地说:"大胆地上台演奏,你现在已是我的学生了。而且你可以向剧场经理宣布,晚会最后一个节目,由老师为学生进行演奏。"音乐会终了,李斯特认真在音乐会上弹了最后一曲。那个姑娘一生都铭记着李斯特的善意。

社会心理学家发现,现实中有很多人是拥有"筛子心态"的。"筛子心态"是说人在认知的世界里有一把无形的筛子,只选择自以为对的、熟悉的东西,哪怕这个东西经不起推敲,但就是固执地坚持。而这个"筛子"80%来自遗传或者原生家庭。而且,"筛子心态"还衍生出一个"预期效应"。法国心理学家廷波克提出"预期效应",他说人常常愿意留在认识的"舒适区":人在认知中会在首次或早期习得一种预期,它一旦形成就会影响后来对事物的看法和行为模式:他听到的和看到的都是符合预想的答案,并极力排斥与预期不一致的情况。美国心理学家也认为,"观察者按照自己期待看到和愿意看到的内容进行'选择性编码',这时社会情境才显得有意义",也就是"人们带着过去的知识来解释当前的事情,——只不过知觉过程的对象是人和情境"。[1] 有了这样的情况,格局就一落千丈。

---

[1] 理查德·格里格,菲利普·津巴多:《心理学与生活》,人民邮电出版社,2016年1月第一版,第540页。

第一章 人生的限制

　　曾经在网上流传的一个故事,是否是真的,无法判断。但故事内容很好,这里引用给大家。一位父亲发现女儿暗恋上一个男孩,她还在上高中,这对一个正全力供孩子准备完成人生大比拼的家庭来说,不啻重磅炸弹。然而,这位父亲做得十分出色,结局是,女儿考上985大学,胜利跃升人生的另一阶段。这位父亲怎么做的呢?过程可以作为教科书来用!首先,这位父亲先去了解背景情况,发现女儿看中的是一位相貌英俊、品学兼优的男生,他便相应采取了策略,首先他认为女儿的选项是正确的,所以他做出了规划,并且有条不紊地按这个规划去做。首先是摊牌,把一切都说开,让女儿自己对比研究确定自己的胜算几何,并与女儿一起,用打分机制来测定成功率,结果女儿自知没有可能攻下"堡垒",父亲顺势提出"拯救计划",从提高学业到开始减肥,定了几个能够实现的小目标,加以递升测试和定期评分,确定提升与退步的奖惩机制,保证孩子的上进心。到了中程段落,刻意安排女儿与那个男生在一次班级活动中分在同一组,男生无意中说出因为女生近期变化而肯定的话,成为激励女生的力量,她更加保持上进的势头。到了末期,父亲给女儿讲述伟人为了事业,强迫自己去吃苦的事例,教导孩子在此刻自我克制,专心致志考试,并给她提供北大清华状元的励志故事和人生轨迹,让她看到,只要跃升到优质大

51

学的平台，将有更多优秀的男生与她为伴，进一步给出孩子努力的方向，终于，这位父亲把握住了这个恋爱中女孩子的思想和情绪，最后，女孩子在考试中一举中榜，被著名大学录取。更为可贵的是，一直坚持体能训练的女孩已经成了窈窕淑女，在看榜的那一天，她大方地与那个男生交换了电话，相约保持联系。一段佳话在人们的期望中也许就要拉开大幕！

讲这样一个故事是想说，对个人而言认知水平以及相伴而生的危机处理能力是多么重要。我们希望，这个故事是真的，希望天下处于青春期的少男少女们都能在师长的指导下，走好人生的第一步。在我看来，这个故事至少隐含了两层意思，一是认知很重要，这件事成功的原因在父亲，是父亲认知好，他的认知既深刻又全面，又有很强的操作性，引导得好，教育得好；二是遗传很重要，有这样一个睿智、看问题深刻而全面的父亲，女儿的遗传基因好，她接续了父亲基因，就能与父亲呼应起来，接受父亲这样的安排，才会有这样的结果。

四、量，制约着能

现在。我们已经有一点概念了，似乎天生的"量"决定我们后来的做事和作为。我们要面对它，也可以从生物学的角度做更多了解。

（一）体液当是基础

如果我们检视自己，很多自己的量，你是有感觉的，倘若，你能直视，你能直面，由于"量"而产生的"能"，以及"能"导致的结果，导致今时今日之成绩，你是能找到其中的联系的。大家都知道古希腊最早的著名医生希波克拉底，现代医生所诵读的誓言就是他起草的。他认为人体内含有四种体液，即血液、粘液、黄胆汁、黑胆汁，人体的状态决定于这四种体液的多寡搭配，按某一体液的占比优势，可以把人的气质划分为多血质、粘液质、胆汁质、抑郁质（见下图）。

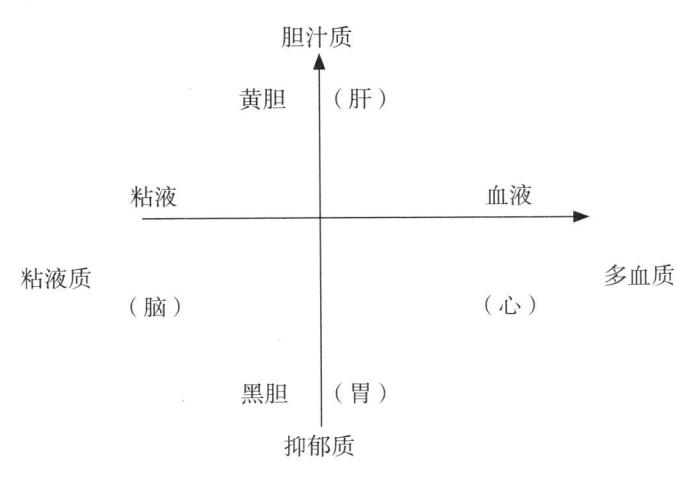

```
                    胆汁质
                      |
            黄胆    （肝）
                      |
    粘液              |              血液
    ——————————————————+——————————————————▶
                      |
    粘液质            |            多血质
         （脑）       |       （心）
                      |
            黑胆    （胃）
                      |
                    抑郁质
```

希波克拉底"体液说"坐标

53

古希腊时期和中国的春秋战国处在同一时代,现在回望历史,我们发现中外世界的那个时期是人类对自然和人生认识最为深刻的时期。这其中究竟是什么原因呢?或许由于没有电磁射线的干扰?或许是空旷清净世界能够让自然外露更多运行痕迹?或许自然在人类仍还纯洁时传达一些世间法则,或许是人类没有更多恶行而与自然可以直接对话?或许人类欲望的"潘多拉"盒子没有打开,"天眼"是开的?总而言之,人与自然之间的感应最为澄澈和直接,所以,我们中国的先哲孔子、老子、孟子、孙子、鬼谷子,西方的先哲苏格拉底、柏拉图、亚里士多德、希波克拉底,都在那个时期为后代留下来深刻的思想,不仅自然、社会等方面遗产丰厚,关于对人的认识也留下了迄今影响世界的思想。正像著名网络自媒体人孕峰先生所说:"几千年前,这个地球上先后出现几个人,耶稣、释迦牟尼、孔子、老子、广成子,等等,他们讲述人类存在的原因、人生的意义、人为何生病、如何自救,等等,可说是与人类相关的终极命题。后世几千年都没人能接近,更谈不上超越他们。他们的教化世世代代滋养人类。他们留下了几本书,《圣经》《佛经》《道德经》《三字经》《黄帝内经》等。他们是人类的祖宗。"

第一章 人生的限制

我们对世界的理解大多通过书本

那个时代的希波克拉底老人，观察到人是由他身上的天生物质决定的，这几种物质的多寡搭配，决定了他的性格，其实也决定了他的命运。就是今天人们已经接受的说法：性格决定命运。希波克拉底认为人体中有四种性质不同的液体，它们来自不同的器官。其中，粘液生于脑，是水根，有冷的性质；黄胆汁生于肝，是气根，有热的性质；黑胆汁生于胃，是土根，有渐温的性质；血液出于心脏，是火根，有干燥的性质。人的体质不同,是由于四种体液的不同比例所致。(1)多血质:体液中血液占优势;(2)粘液质:体液中粘液占优势;(3)胆汁质:体液中黄胆汁占优势;(4)抑郁质:体液中黑胆汁占优势。由"四根说"发展为"四液说"。体液作为基础,人先天无法选择体液的配比,后天无法对配比进行调整!

希波克拉底老人的体液坐标是这样分析的,以血液基础,最好的是多血质,进退有度,处世得当;次之是黄胆汁较多的胆汁质,能力最强,脾气暴躁;再次之就是血液稍显不足,办事拖拉,有心无力的粘液质;黑胆汁最多就是抑郁症,沉默寡言,不思进取。今天我们依照中医学的基础知识可以做这样的梳理:你的血液少,肝功能不强,胆汁排泄不畅,消化功能就差,吃的东西也转换不成有机的能量,就吃得少,喝得少,身体状态差,内在脏腑的有力运动和综合协调不足,面对挑战你就不能迅疾调动全身力量。所以,直到2000多年后的今天,希波克拉底关于"体液决定性格"的最初论断也不是没有道理。

古希腊老人的观察和分析,无意中与中国中医学的症候判断完全一致。中医认为,血为人体阳气之载体,血液充沛,人就身强力壮;血液不足,便气虚体弱。尤其中医还认为,胆囊有病状的机体常常是阳气不足所导致的。《黄帝内经》上说阳气与血液互为辅助，互为支撑，阳气是血液运行的动力所在，固摄和温煦血液运行，阳气不足，血液流行缓慢；反之，血液不足，阳气中空贫弱，则推行不力，凝滞不前，导致气虚不进，血不足则气不足。倘若双亏双虚，就意味着运动、协调、运化能力都差。这样的人群经常表现的状态是疲乏无力，少言寡语，气力不足。尤其是在重大选择，重大事项甚至重大灾难面前，你就可以想象了，一定是畏缩不前，更不会有作为、有担当、有振臂一呼的能力。所以我们说，先天的身体机能决定了你后天的处世能力。

我们应该关心人群中的畏缩不前者，因为他们渴望关注和交流

（二）体能是其标志

最近，网上疯传一个国内商界大佬们的作息时间表，真实性无考，发布人目的在于给大家励志，给大家一个废寝忘食的榜样。我们从中看到，更多优秀的人，在中国民营经济中目前处于领军地位的人群，大多数都是精力充沛，睡眠时间超少的人，根据胡润研究院发表的一份企业大佬的作息时间报告，万达总裁王健林是早上4点钟起床，4:15开始健身，然后5点吃早餐，接着一直在天上飞，到各地视察洽谈业务，晚上6点半才到达办公室，继续工作，一直到深夜，才去入睡。2016年，李嘉诚这样说："我每天都乐于为股东或基金会付出时间和精力，数十年如一日，我可能是公司请病假最少的人之一。"一个年届九十的老人家，为什么这么拼？李嘉诚的答案是：勤奋是个人成功的要素，所谓一分耕耘，一分收获，一个人所获得的报酬和成果，与他所付出的努力是有极大的关系的。运气只是一个小因素，个人的努力才是创造事业的最基本条件。恒大许家印是出了名的"拼命三郎"，经常凌晨三四点钟回家睡觉，睡一会儿就起床去公司，这是他长年累月养成的习惯。恒大现在出现的情况我们也无须回避，当下的低迷不会抹杀曾经的成功。

百度掌门人李彦宏的作息更为规律，20%的时间休息，25%的时间打高尔夫，55%的时间工作，他自己曾说，每天自己五点多就醒了，根本没有更多的时间去睡觉。任正非作为华为的掌门人，是一个典型的工作狂，在华为创造了"床垫文化"，每个人都备有一个床垫，是加班结束用来睡觉的。任正非把公司当成家，每天工作超过16小时。国外工商业界的精英也不例外，也都超长规地投入工作，曾经在外国的各大公司流传着这样一个说法：每天睡四小时的人，年薪基本上是400万美元以上，以此为基础，多睡一个小时，薪水就要除以4，不知这个说法有多少依据，但从有关方面统计的资料来看，世界500强的公司中，通用电气前CEO伊梅尔特，迪斯尼前CEO罗伯特·艾格，雅虎前CEO玛丽莎·梅耶尔，他们都是每天只睡4~6个小时，都能保持精力充沛和工作高效。所以成为名人不容易，首先得有好身体。我们不能说睡得越少的人越成功，但是从这些成功人士身上我们看到，你的精力越好，你越可能成功，你天生的精力越旺盛，对你走向成功的帮助越大。

（三）性格难以伪装

在读了这些关于体与能的文字以后，我们不要急于否定，我们可以慢慢地琢磨，我们在此刻合上书页。你或许可以尝试躺在床上，尝试回头看一看，你好好想想你究竟是个什么样的人？如果你发现你很小气，很计较，或者说不是发现，你本来就知道你很小气，很计较，很容易嫉妒人，你就知道，你不是一个天生性格完美的人，或者说原生家庭没有很好完成对你的性格塑造，你的前进路上是有障碍的，这有可能是你目前一事无成的秘密所在。如果你能认识到这一点，那恭喜你，你是一个了不起的人，你能在认知层面对自己有了清醒的观照。那就从现在开始，改变自己的性格。人们常说的"性格决定命运"，是对的。

人在性格上是有小秘密的。有的人表面似乎大方热情，实际上小肚鸡肠。这种秘密多半只有自己知道，现代社会大家都学会了伪装。有句话说"穷人小心翼翼地大方，富人大大方方地小气"。性格怎么样，关上门自己很清楚。让每个人选择，估计大家都会选耿直善良、豪爽大气的性格，可惜，没得选！所谓小气、计较、小心眼，以至于升格到极度狡猾、两面三刀、口是心非等不良品质，源头应该都是你自己，有先天遗传，有气质养成，如果生活经历中存在物质匮乏、生活困顿、家庭挫折等非正常情况，结果往往更是雪上加霜。要命的是这个东西你藏不住，在一个环境中接触三天就能被发现，而且很少有人会因为苦难而接受你的不足。因为有更优秀的人，人们会选择优秀，这是世界的生存法则。而这意味着你干不了大事业。为什么？小气的人一定不能与人敞开心扉，没有几个真正交心的朋友，而交往的深浅是以隐私的了解程度来衡量的，小气的人，连身外之物——钱财都计较，自己的隐私哪里肯展示于外人呢？同理，你在社交上不坦荡，不爽直，没威信，没号召力，你是一个团结不了大家的人，"团不住人"的人，怎么能成为"群主"呢？

劣性的性格是随时随地散发气息的，尤其是有时是不经意间；更多时会体现在你接人待物上。如果你不发现，你不纠正，会极大阻碍你前进的步伐，因为你装不住！科学家们不断在对人与人之间的关系进行研究，其中有一种观点认为，人本身存在气场，人和人接触中，首先是这个气场场域在进行接触交汇，产生反应，回馈大脑。我们仔细观察，为什么一个团队，一个办公室，今天有一个人心情不好，会影响到大家？为什么一个人并未表明自己沮丧，旁人会说，你怎么气色不好？今天你神色不对，有事儿吗？等等。人的情绪反应会被旁人捕捉到，性格缺陷也会通过情绪反应影响到周围人。为什么你见了某人会莫名其妙感觉到讨厌，你讨厌的是他的性格，这是你的气场探知他的气场缺陷后产生的排斥。

社会心理学研究还发现，心理"投射"反应有两种表现方式，一种是缺什么渴望补什么，比如，个子矮小的人可能在言语上"一鸣惊人"，说过头话；另一种，是说人对外界事物的反感实际是讨厌自己身上的东西，这个"东西"你不喜欢，一定是自己有！这太令人惊讶了！表明人的物理气场遵循了"同性相斥、异性相吸"的物理规律，别人有，你很讨厌，意味着你必然携带和拥有，就是这么奇怪的一个现实。

所以，我们必须对此有清醒的认识！我们要抽离出来，我们可不能在某个时刻被自己强烈的主观感觉所牵引，停留在仅仅一面之缘就讨厌别人的层面，更不能觉得在对方面前有优越感，而要深刻认识到人的性格是外溢的，而且它是"投射"的，别人的性格缺陷实际也是自己的。认识到修炼自己的人格和灵魂世界是多么重要。认识到自我性格的优化和塑造多么重要。

今天，科学的进一步发展，为人类这些的直觉和相互之间的敏锐感知提供了支持，量子力学已经证明了两个人之间异地感应是存在的，具体的科学术语就是"量子纠缠"现象，就是指我们千百年来所说的这种，尤其体现在双胞胎身上的异地感应现象是存在的，说明千百年来中华民族乃至世界各民族关于人体气息的认识是正确的。据公开报道，美国科学家用实验证明一些现象的存在，最让人震撼的是一对 DNA 分子在 480 公里之外，一方与另一方之间会同时发生共同原因的震颤。这就是说，超肉眼的力量是存在的，人的气场和他的播散功能是存在的。结合前面论述的现象，我们诸位就千万注意自己的品格修为，它是天生的，又时刻存在，经常外显。我们最好心向光明，成为正向的物理存在，否则，它会暴露你现有的短板，暴露你成长经历中的不足，也预示你前进道路上的乖舛状态。

（四）社交检验能量

更深层次地说，荀子曰：人之伟大，在于人能"群"。那么"群"存在的条件是什么呢？是要有组织，要有头领，有了头领才能"群"，动物界的狼群、猴群也是有"头"的。作为组织，一定有一个领导者，让组织存续并成长。

在人类社会，尤其在中国社会，社会公认的"干大事者"，古人总结为所谓"三立"，即立德，立功，立言。在现代社会，这个说法已不被许多今人接受，不过，中国社会千百年来儒学的根基还在，"学而优则仕"是每一个中国人埋在骨子里不可剔除的"集体无意识"。它的现实结果就是全社会敬仰和所期盼的是在人群的组织当"领导"。许多人一生都在追求这个"千年媳妇熬成婆"的过程。那么，当领导需要什么东西呢？

什么样的人可以当领导呢？有两点是必须具有的，一为出众的能力，二为可以团结众生。首先，说的是才能，你可以比别人技高一筹，你总是语惊四座，你总是镇定自若，你总是排忧解难，人们自然就跟着你。成功学是一门学问，如果一个领导，有三次以上在重大抉择面前做出后来被实践证明是正确的决策，就会形成个人崇拜。已故的伟大英国科学家霍金说："世界上最让人感动的是遥远的相似性。"

其次是能团结众生，一个人能和大家融为一体，释放温暖贴心、善良大方、积极可靠等光明气息，那大家一定会围绕在你的身边，你自然就成为组织的领导了。这是需要一些天赋的，比如智慧，你能看到别人的需要；比如豁达，你不计较小小得失；比如担当，主动为失误担责；比如热心，经常向别人伸出援手……你有这些天赋，你就能当领导。你有好多朋友，你有良好的社交。

反之，比如，你敏感，那你在人际关系的处理中一定也非常敏感，不方便、不敢、不能、不愿做许多事（有此体征的人看到这会频频点头）。敏感的人常常是反应慢的，他总是在顾忌别人的说法，也总是在收拾自己残破的心灵世界，需要作出瞬间反应时还没醒悟过来，但比你强的人已经把事做完了。这是自然给予敏感者比别人多的一个发展的障碍。再比如，如果

第一章 人生的限制

你是刺猬性格，一触就扎；火药桶性格，一点就炸，你肯定没有良好的社交，同时，如果先天境界不高，与人相处释放自私、偏狭、小气等气息，与人相处不能温暖大气，不能淡泊从容，映射出目光短浅、修为不足、认知失当，那你会被别人拒之千里之外，不会有人聚拢在你的身边，你的"群"与你无关，你的事业恐怕要走进逼仄的小胡同了。

性格的短板一般难以隐藏

怎么说呢，综合起来，似乎有这样规律性的人生体验：你的身体所拥有的量，决定了你在对外事业中所能释放出来的能。你在为人处世中，能够拥有对别人吸引力的量，决定了你发散出去聚集别人的量。这个一直到你老年作为一个个体可能能够清晰地感觉出来。年轻时,你并不知道,因为有许多年轻的激情掩盖了其实质,从人生的时间轴上讲,你身体拥有的一切,是你将来事业上、生活上所拥有的一切。

五、结论

孔夫子的弟子曾子曾说:"吾日三省吾身。"鲁迅在《写在〈坟〉后面》一文中说:"我的确时时刻刻解剖别人,然而更多的,是在更无情面地解剖我自己。"除了伟人,我认为我们大家只要是正常人而非孟浪之徒,是平常人家而不是奇人怪徒,我们大略是要经常(不一定是每天)检视一下自己,以促进提高。中国人佩服的曾国藩曾文正公正是这样日日提升的,每日静思得失成为他的必修课,无论是兵败投水之时,还是春风得意之时。

那么,我们在这一刻停下来总结一下自己,目前,我的人生如何?我会怎么发展?我会发展到哪里去?我为什么没有发展好?我为什么没有发展成我希望的那样?

我们斗胆说,你生来是一个什么样的人,你就拥有一个什么样的世界;你生来是一个怎样的身体条件,你就会有一个怎样的未来。身体与未来的发展成就可能确乎存在呼应、映射、牵制的关系，先天的条件最终会体现在事业的结果上。中国的文化历来推崇天人合一，可能就蕴含着这般意思，它是古人对人生体量与能力关系最早的认识和阐释。人与人是有不同的，这种区别，从你一出生就决定了，这种区别由最初的肉体逐渐延伸到了性格、事业乃至人生终局。

第二章　人生的境界

也许，不论你承认不承认，人生都是由你天生的量决定的。如果你在一种官场的扑克游戏——双扣或者叫双升级中，感觉总是水平不高，被高手嫌弃，那对不起，我判断你也不会有太大发展，为什么？因为你天生脑容量不超大，脑沟回不够深，至少我肯定地说，你的记忆力不好，你的权谋之术不多，你的布局和运筹不够。你的身体条件不是过目不忘，你在社交上一定不是口若悬河，因此很难成为社交的中心，所以，不会是一个大场面的主持者。不知我说对了吗？其实，多一半情形是，凡具有在职场拼搏素质的人，对自己今天的状况和结果以及相应的原因也是有一些自知之明的。

那么，怎么办呢？是不是就这样固定而无解呢？NO！否也！幸亏是否，要不，对于我们这些在人群中并不出众的人来说，终其一生，是多么无趣、无劲、无望、无彩；因为，如果不是否定的，那么许多人的命运，从一开始，就注定了，我们的世界将缺失了多少个白手起家，艰苦奋斗，锲而不舍，坚忍不拔，克服自己身体缺陷而成为英雄的伟大人物！我们的世界将失去多少人间的美好篇章，我们的世界将失去多少男儿自强可歌可泣的故事！人生不应该由自己的身体来决定，而是由意念和意志以及他的发源地"心"来决定。在这里，我们要感谢中国历史上一个伟大的人物，一个为中国的知识分子、中国人留下宝贵精神财富的人，他就是中国明代著名哲学家王阳明，他指出人一生最重要的生活基石是"心"，他认为人最重要的是"心"，是"人心"。心驭宇宙，静摄万物。我们的"心"，精养可平一切烦扰，精置可成一切伟业。"心"是核心，是根本，心力强大可驭一切外在，心力强大可扫一切障碍，心力强大可开创伟业，并不为"皮囊"身体所限、所绊。

一、阳明指点迷津

阳明之学影响了新加坡人，影响了韩国人，影响了日本人。近年来，习近平总书记在多个场合和讲话中多次提到明代思想家王阳明，肯定阳明心学是中国传统文化的精华，也是增强中国人文化自信的切入点之一。王阳明学说有如此大的影响，有这么多人肯定，是因为它确实是人生之宝典，生活之法门。但为何很多普通人并不知道他,在社会上没有形成"显学"呢?没有像佛教那样有许多圣徒和信众呢?我是这样看的,佛教广大的信众大部分是中老年人,因为佛教是出世之学,教化人们放下当下,现实无为,收伏欲望,寄望来世;强调四大皆空,心无挂碍,认为当世皆是虚妄,来世才是希望。这种精神追求,对已届天年的中老年人来说,一是有时间空间等有利物质条件,二是与老年人护佑后代,遥寄未来的心理因素有诸多的契合点,因此,银发一族苦心追诣者居多,虔诚礼拜、兴建庙塔成为他们的精神生活之一。

阳明哲学恰恰是入世之学,是人生方法论,是青年人的学说。它告诉我们怎样为人处世,怎样打拼生活,多是人生事理,现实活法,较少理论说教,更不深奥幽明,真正了解、理解并遵循的还都是中青年人,这些人,人生本身正处于埋头苦干,做得多说得少的阶段,内心修炼,思维专注,自求突破是他们的常态。除特殊场合外,一般不会逢人便讲,广而布道,营造火热"道场"。因此,从现象上看没有信众满满,人群云集。然而,只要你有所留心,只要你开始接触,你会渐渐发现当今社会学习并践行王阳明"心学"的人遍布天下。

王阳明的学说本身也不是宗教。它没有塔寺庙宇,没有清规戒律,更没有顶礼膜拜,没有设坛祭法,没有大师活佛。它就是朴素的生活科学，是对自己内心的修养提升之术，追求实际中的践行。较之宗教，它追求思想理念指导下的现实之"果"，它直接面对现实的挑战。

伟大的人物都是一段传奇，应该是内心光明外化于行的结果

　　王阳明，生于1472年，卒于1529年，汉族，本名云，名守仁，字伯安，别号阳明。浙江余姚人，因曾筑室于会稽山阳明洞，自号阳明子，也称阳明先生，故而世称王阳明。明朝著名的思想家、文学家、哲学家和军事家，是明代陆王心学之集大成者，有学者将其思想与孔子、孟子、朱熹，并称为孔孟朱王。他的思想是中国明代以及后世影响最大的哲学思想，其学术思想遍传中国，远传日本、朝鲜半岛以及东南亚地区，其人集立德、立言、立功于一身，可谓无人匹敌。其学说冠绝明代，传于后世，弟子极众，世称姚江学派，迄今应者无数。有万千精英人士潜心拜读，认真研习，各地读书会、认知会层出不穷，成为最受人欢迎的经世立命之学，那么，它核心要义是什么呢？我认为概括来说就是：要内心光明，要内圣外王，要知行合一，要"致良知"，通过一辈子致良知，实现人生的成功。

我们先说成功，成功是什么？马克思有一句话很少被人提及，他认为，无产阶级在消灭了资产阶级，"消灭了阶级本身的存在条件"后，将建立一个新的社会，这个社会"将是这样一个联合体"，"在那里，每个人的自由发展是一切人的自由发展的条件"。[1] 也就是说到社会主义，每个人都是自由发展的，这个"自由发展"，就是人人享有最大化，最无限的自由和发展空间。其实想象一下也是，一个人的成功是什么？就是

---

[1] 中共中央马克思恩格斯列宁斯大林著作编译局：《共产党宣言》，人民出版社，2014年12月第一版，第51页。

第二章 人生的境界

摆脱了经济、戒律、情绪和环境的制约，成为完全自控时间、金钱、关系，包括人际关系的人，这难道不是成功吗？是啊！当然是成功的。无产阶级政治理论的先辈这样设计了人人都成功的共产主义社会，心理学家是怎样设计的？我认为，迄今为止，对人生发展即在发展心理学方面最为人性化，最为贴近生活实际，也是最为人们接受的人生成功理论是美国心理学家亚伯拉罕·马斯洛（Abrham Maslow）的需求层次理论。

马斯洛理论把需求分为，第一，生活需求，第二，安全需求，第三，爱和归属感需求，第四，尊重需求，第五，自我实现需求。理论层次分明，立论清晰，的确概括了一个社会个体的个人在精神层面对外界的需求。这个需求，有一个从低到高的过程，有一个逐步向上跋涉的过程，类似于我们攀登山峰，每上一步，景观层次便不同。也很像中国官场上行政职位的上升。一般同僚间把对方的提拔和重用称为"上了个台阶"。现实中组织部门也正是这样做了相应的制度安排。不谋而合的是，它逐步上升的进展过程也恰是对应了马斯洛关于"需求"的满足过程，人但凡"上了一个台阶"，其需求被满足的层次就提高一步。比如，从你的职场开始，你首先是一般干事，解决的是你的生理需求，满足的是你的吃饭问题；在单位站稳脚跟后满足的是自己的安全需求，这个安全需求就是身份稳定，

73

没有危机。到了副科级干部，或者到科级干部，那么在省级机关一般是副处级到处级这样一个层面，你得到的满足是爱和归属感，因为你这时候有同事，有团队，你释放爱，他们也贴近你，你的确能感受到被爱以及团队的归属感；到了你所在单位的副职，你想让别人尊重的需求就会被满足，无论是你在单位内部，还是在社会交际中，你能感受到别人的尊重，这已接近自我实现了；如果你到了单位的正职，那么就恭喜你，你的自我实现的需求就完全被满足了。因为你会发现，你可以干任何自己在本行业内、在你的管辖区内想干的事，并且可以由着性子来，不会受到任何约束。当然，在当今中国，我们这样说，或者你这样做，必须有两个前提，一是，必须在你管辖范围内，你才可以做你认为合适的任何事，跨行业不行（如果你利用便利条件搭上关系，这是另外一个话题）；二是，你不能干违法违纪违规的事。

马斯洛的需求理论也能对应到商业领域，一个人成功，就是从一个小小的文员到部门经理，到公司副总再到总经理，也是一个自我实现和个人需求得到满足的过程，所以，官场商场概莫能外，只不过方式不同，氛围不同，提升规则不同，还有自我实现后，体现的宽度和深度也不同。

以上是从中国的社会实际出发加以描述的，这里，我必须强调，中国社会与马斯洛着眼的美国社会应有不同，所以在美国社会是否可以有同样的情景和描述，我不能确认。但是我认为，马斯洛的五个需求层次不断被满足的理论是对成功动力最准确的概括。五个层次需求被满足的过程，就是中国人走向成功的过程，就是中国人对一生"事业"孜孜以求的过程，是中国大部分人的微缩的人生图景。那么怎么一步一步走呢？王阳明给出了方法论和实践科学。

李白在唐代发出"天生我才必有用"的千古呐喊，代表了天下多少士子的心愿！谁愿意碌碌无为度过一生！谁不想施展自己的才能！我用了不少篇幅指出了人可能受先天条件所限，有时候裹足不前、无能为力的状况，这确定是存在的。不少在人世间沉浮的跋涉者希望有人指点迷津，希望"拨开迷雾见太阳"！我在这里要告诉你，王阳明的学说值得好好研究，他在他生活的那个时代弟子众多，身边追随者记录了他的教诲和言论，编辑成了《传习录》。能吸引后世中外万千精英人士去研读他、遵从他，绝非浪得虚名，真正读懂王阳明的人知道，王阳明告诉你，怎样走向成功，怎样走好人生的每一步。即使你的先天条件并不好也不用怕，也可以走出自己的一片天！那么，到底是什么呢？我告诉你，王阳明经世致用的核心思想是：致良知！

"内圣外王"从帝王治理之道降为人生历练之法是历史的进步

二、了解知行合一

王阳明的基本理论框架是三个层次,第一,心即理,心外无物;第二,知行合一;第三,致良知。在我看来,阳明心学三大法宝中最核心的要义是知行合一,它既是王阳明开创的心学以及阳明哲学立论的基础,也是放之四海而皆准,人人可以理解的生活道理。什么是知行合一?从字面意义上就是说,说的和做的要一致,要言行一致,这种肤浅的理解,肯定不是作为一个伟大理论——阳明心学的真谛。王阳明说:"只说一个知,已自有行在;只说一个行,已自有知在。"他进一步说:"知之真切笃实处即是行,行之明觉精察处即是知。知行功夫本不可离。"[1] 大家看出点意思了吧,王阳明说,人生在世,为人处世,你真正知道了才会去做,你真正去做了,实际已表明你知道了,除此之外,再无他理。

这样说对不对呢?对极了,大家想一想,人生的哪一阶段,哪一件事情不是这样的呢?就拿年轻人的恋爱来说,你知道姑娘对你有意思,你才会进攻;你知道自己是喜欢她,又知道她没有男朋友,你才会去进攻;你知道她有男朋友,但还没有结婚,你才会进攻;你知道她喜欢什么,你知道怎么才能赢得芳心,你才会去进攻。再比如,你知道官场游戏规则,你才会那么去做;你接受相关育儿的教育,才会不一味溺爱;你体会到老人不容易才会真正孝顺老人;你知道并且认可身体条件对你是限制,你才会努力进行转化,寻找解决的办法,是不是这样?

提升一个层次来说,失败也是你知道的过程,你经历了失败,你知道了情况,你心中已经总结了经验,然后再去做;成

---

[1] 王阳明:《传习录·答顾东桥书》,中国华侨出版社,2014年1月第一版,第268页。

功也是你知道的过程，你做的前提是，你知道要做，要这么做，必须这么做，才会成功；你在实践中经历了，你见识了，你心中已经进行了总结，知道了要这么做，才会这么做。所谓知之为知之，然后才行之；不知为不知，断不会去施行。就是这样一个浅显的道理，人人都懂，人人都能理解，只不过王阳明把它总结出来，总结了我们人生认识事物、立命存活的规律，成了开一代绝学的宗师。

做宗师，可是未必能被所有人理解。之所以有一段时间人们对阳明心学避之唯恐不及，是因为它带有很大的唯心主义色彩，是与唯物主义不相吻合的。他提出：心里有，才有，才存在；眼里没见过，心上没过过，脑子没想过，你说它存在，根本不可能。这话听起来怎么像是先有心灵，后有世界的味道呢？对，王阳明之说确有此义，他的著作《传习录》中说"心外无物"，他提出"心即天理""心即理，别无他物""吾心光明，夫复何言""天下无性外之理，无性外之物"。[1] 意思是，对世间而言，人的心是根本，心到了，心在，客观世界就存在，心没有到，或者心不在，客观世界对你这个个体来说就不存在。这是王阳明在贵州龙场驿大彻大悟的成果，也是对从宋

---

[1] 王阳明：《传习录·答罗整庵少宰书》，中国华侨出版社，2014年1月第一版，第320页。

代以来大行其道的程朱理学"格物致知"的反叛。

先有心（意识），还是先有客观世界，这一直是中外哲学家们论辩的焦点。唯物主义哲学家认为，物质决定意识，不管意识如何，客观事物和客观世界，它就是存在的；而唯心主义哲学家则认为"我思故我在"，任何客观世界，没有人的意识参与都是虚妄的，也可以说是不存在的，好比一个没有到过曼哈顿的中国人，曼哈顿究竟是什么样子？对他来说就是不存在的。用惯常的标准一套，王阳明"心"为一切之总的学说，无意中成为唯心主义哲学观的一部分。

本书不是哲学书籍，无意在此多作评论，不能判断是与非，留待更为专业的人士去作出判断。历史上，王阳明在自己的那个年代，在原来程朱理学的基础上努力"格物致知"，曾经面对自然事物，面对大千世界拼命面壁思考，希望得到宏旨大义，却苦无结果，但在贵州龙场驿突然顿悟，提出了对人与世界关系的哲学性思考：专一希望从对外在物质世界面壁和苦修中，找出天理之道和自然规律是不可能的，人世间，最重要的是心，人的心！是人怎么想，怎么看待，怎么认识这个世界；是人的内心知道不知道，相信不相信！这是根本中的根本，除此之外，世界并不存在，对人也没有意义。人，面对世界情物的基石是"心"，"心"是核心根本。用佛教的语言来理解，山河大地，树木花草，为心所造，心所触见的一切，皆是它自己对应外物创造的相。正确的理解是：并不是心创造了山河大地、树木花草本身，而是说心创造了以人自我认知为基础的关于山河大地、树木花草的相。你所感知的事物，在其本质上只是你内心外化出来的相。

这个观点抓住了人与客观世界的认识规律，在现实中也能得到印证，并且极具指导意义。所以那个朝代的士子们很快接受并学习。历史上此说一出，阳明心学便闻名遐迩，成为人们尤其是知识分子在面对纷繁复杂的世界时武装头脑的"程序语言"。

提出类似的哲学思想的还有一个外国人，即奥地利裔英国哲学家维特根斯坦（Wittgenstein）。他主张："凡是能够说的事情，就能够说清楚，而凡是不能说的事情，都应该沉默。"他认为："世界的意义在世界之外。"事物本身的意义在于人解读出来的意义，有时与它本身已经没有关系，到底事物的意义是什么？就在于你是怎么认识它的意义。与王阳明相似，他认为事物的意义认识到了，你就能说清楚，那你就说，甚至去做；如果不清楚，那你就沉默，再去研究，再去尝试，不要不明就里就发表看法。

维特根斯坦的沉默说和王阳明的心外无物是一个意思，就是只有你认识到了那个东西，它才对你有意义。在这里，我要做一个调解，我认为其实王阳明和外国哲学家这些说法与唯物主义不矛盾，为什么？唯物主义主张世界万物客观存在，不以人的意志为转移，他们并没有否定这一点，而是说，客观存在的东西只有与你发生关系才有意义。只有在你的心上落下，才有意义，否则就没有意义。你的心就是你的世界，"心就是理，心外无物"。王阳明说的是世间实际的发生，唯物主义讲的是客观真理的存在，二者不在一个逻辑层面，双方并不矛盾。

"我思故我在"这样的哲学论断非常多，包括黑格尔、费尔巴哈这样的哲学巨匠都有类似观点

谁决定了你的能——写给人群中不出众的你

阳明心学比维特根斯坦的学说要早400多年，在问题的认识上，实际上比他还要深，深在哪里？我认为，阳明心学的深，就深在他的"知行合一"，这是阳明心学的核心精髓。就是说，"心"知道了，还要行，心不只是外物的映照体，还是行动的策源地。"知行合一"有两个层面，第一个层面叫基本观，就是知和行是合一的，就是告诉我们大家，人的每一个行动，都不是突发奇想，都是个人认识的产物，只有个人认识到了，他才会去做，去行动，去追求。"只说一个知，已自有行在""只说一个行，已自有知在"。

精彩的"知行合一"最为关键的是还有第二个层面，是超乎前人的指导思想，是砥砺前行的方法论，就是突出强调了知与行要合一！它告诉我们，人不但要认识事物，要琢磨事物，更为重要的是要去攻克难关，要在实践中锻炼提高，王阳明称之为"事上练"。他说："人须在事上磨，方能立得住，方能静亦定，动亦定。"否则，一遇事儿就不行了。"以是而言可以知，致知之必在于行，而不行之不可以为致知也，明矣。"❶ "人须在事上磨练，做功夫乃有益。若只好静，遇事便乱，终无长

---

❶ 王阳明：《传习录·答顾东桥书》，中国华侨出版社，2014年1月第一版，第278页。

进,那静时功夫亦差,似收敛而实放溺也。"❶ 王阳明的这个方法论,对我们人生在许多事物上的失败其根本原因予以深刻的总结,当你发现能从这个层面反观自己发现问题,找到差距并屡试不爽时,你就知道王阳明的伟大了。

作为现代人,尤其是基础教育普及率极高的今天,大部分人是读了些书的,加上手机阅读的兴盛,很多人并不缺"知",但你在事上行不行,你为人处世行不行,才是你安身立命的根本,大家不觉得吗?许多人,既非名牌大学的,也非优等生,其貌不扬,资质平常,何以成为今天如日中天的明星?是"行"得好,为人做事好,眼光好,魄力好,人脉好,这些"好"是怎么来的?王阳明如果在今天,他一定会说,他们做得好。对,是他们一次次抓住了决定命运的关键机会,他们行动了,他们没有耽于空想,止于想象,而是迈出了一步步的实践步伐,所以他们成功了。同时,王阳明还会跟你说,为什么他们做得好?因为他们有"识",他们认识到了,看到了他们该怎么办,他们该怎么做事。他们通过学习参考、模仿、拜读,他们知道自己如何去行动,该去选择什么,他们又去做了,所以他们成功了,这是知行合一的结果。

---

❶ 王阳明:《传习录·陈九川录》,中国华侨出版社,2014年1月第一版,第346页。

这才是阳明心学的过人之处,也是他对中国社会的贡献之所在。知道了,不是目的,重要是去做事。我之所以引入阳明心学来解决我们的身体可能存在的"量"的不足的问题,此刻大家应该明白了,我想让大家知道这么个理,建立自己的"知",建立"量能"之知,建立"知行"之知,然后不要气馁,不要沮丧,要行动,去行动,知行合一,改变先天的限制。

三、做到内圣外王

阳明心学还有进一步的思想引领。"知行合一"提倡积极实践,但又没有仅仅止于实践层面。许多人修养思想,还努力去做事,可并没有成功,没有"自我实现"。这里你必须知道阳明心学的另一个重要的概念:内圣外王。

"内圣外王"这个概念最早出现在《庄子·天下篇》中,内圣外王是一个成语,意思是指对内具有圣人的才德,对外施行王道。原文于后:"天下之治方术者多矣,皆以其有为不可加矣。古之所谓道术者,果恶乎在?"曰:"无乎不在。"曰:"神何由降?明何由出?"曰:"圣有所生,王有所成,皆原于一。"这里的"一"就是"道"。

如果每个人都能提升自我境界，社会将更加美好

按庄子的观点，内圣外王，是天下之志士、天下之王者所追求的。它们都应该源于"道"。从学说承继和发展上，"内圣外王"这四个字逐渐被儒家引用来做了国家帝王治国定邦之道的一种表述。"内圣"，是行动者的人格理想，天地道德；"外王"，就是齐家、治国、平天下之术。内圣外王的统一，成为儒家学者们推动统治者追求的最高境界，成为儒林清流们希望自己达到的一种高度，也是儒家希望所有人达到的境界。"内圣"与"外王"是相互统一的，"内圣"是基础，"外王"是目的和达到的目标。首先要有内"圣"的基础，安邦定国才有意义，才有益于百姓苍生；要以"圣"作为核心，作为指挥部。其次要有外"王"的本领，要有纵横杀伐的权谋，要有实际取胜的本领，才能够安邦治国。二者相辅相成。

人在追求过程中要处理好内与外的辩证关系。内有"圣"，外王才有意义，内有"圣"，可获得不竭动力；外要"王"，在外在事物中要争取胜利，才是对"圣"的贯彻，"圣"的落地。既是忠于"圣"的轨迹，又是"圣"拥有力量的体现，要历经曲折、艰苦奋斗去实现"王"，"王"实现了，"内圣"才得以外化，"圣"才显示真理的力量。

说直白一点，就是光有内心的光明追求不行，光有"菩提正念"不行，光自己遵道守礼不行，要在实践中做强者，要在事务中做胜者，要追求成功，要追求胜利，要追求赢，要有咬着牙不服输那股劲，要争取做引领者和领导者，要做"王"，要胜利。人们常说一句话叫"事业凝聚人心"，但这个事业一定要证明是成功的才可能凝聚人心。凝聚人心最有力的办法是成功，因为成功可以解释你坚持的东西是对的，付出的代价是值得的，采取的方法也是对的。这就是中国共产党在2021年开展党史学习教育的意义，通过历史的回顾，历史的成功，来证明马克思主义为什么行，社会主义为什么好，中国共产党为什么能，证明我们心中的理论是正确的，我们所走的道路是正确的，我们所采取的措施是正确的，我们走的是"大"道，我们已经取得和正在取得因"道"而行的胜利，我们要有理论自信、道路自信、制度自信、文化自信，因为过往辉煌成绩证明马克思主义是正确的，并将把我们继续凝聚起来往前走。

王阳明在《传习录》中没有"内圣外王"的原文表述，但关于在实践中争取胜利的核心含义却在字里行间比比皆是，"心即理，心外无物"的终极认识和"知行合一"的方法论以及"事上练"的实践方法，建立事功与报答天地的正向追求，积极倡导的人生"致良知"之道都是儒家治国安邦之说的升级和更新，在逻辑推演上完全一致。王阳明所说的"事上练"，不是随便练，稀里糊涂地练，而是主动练，专心练，有目的地练，要有成效地练，要有目标地练，要有成败考核地练，要追求胜利地练。

人生的练，我的理解是，要提起精神，认真应对，精心谋划，应对变局，用心思考，驯化内心，取得胜利。练习胜的门路，赢的技巧，成功的法宝，要有不赢不放手、输了下次来的不懈态度，练坚定，练意志，练怎么能成功！

相比较而言，王阳明希冀的"内圣外王"的实践意义比孔子、庄子有了进步，大家都设定了实践层面的目标，但王阳明的目标具体多了，清晰多了，要求也高了，就是件件事都在练，每天都有小成长。这是传统儒家"达则兼济天下，穷则独善其身"人生目标设定的巨大进步，它是直接的行动科学。它让许多学习它的人变成了行动者，它让我们多了许多革命者、改革者、实验家，它使社会多了许多既收伏自己内心又在生活中勇于担当、匡扶正义的汉子；在生活中多了为民造福、进取奉献的英雄，而少了那些口若悬河，坐而论道的政治矮子，少了那些手不能提、肩不能扛，遇事畏缩不前的"积极废人"，少了自命不凡又远离社会、远离生活、远离劳苦大众的软骨精英，多了许多真正暗自坚韧践行"修身、齐家、治国、平天下"路径的知识分子精英。它的革命性意义在于，推动了社会进步，推动了中国的进步乃至世界的进步，推动了个人的变革、社会的变革、中国的变革，我们的社会也通过进步和变革造福千百万人。

王阳明告诉弟子也告诉年轻人，尤其是年轻的知识分子必须解决实践问题，解决动手能力问题，必须彻底解决只会说不会做，想做却没那个智慧做，没那个能力做，没那个胆量做，做了又做不成的问题，追求"成功""胜利""王"，也只有练成"王"，你的"心"——那些兼济天下，为民请命的情怀才有意义，你的认识，你的认知，以至于你的人生才有意义。"若离了事物为学，却是着空""须是勇，用功久，自有勇。故曰是集

义所生者。胜得容易，便是大贤"。❶

四、专心笃致良知

大家看到了，阳明心学不是神秘学，不是逃避学，是入世的科学，是教你怎样寻求成功的学问，是塑心之术，教你怎样在困难的情况下，逐步扭转局面的学问。自从明代以来，它影响了一代又一代人。仔细研读下来，我们应该谢谢这位思想家告诉了我们人生的路径。尤其我们先天条件不好的，更需要比别人付出加倍的努力。

认识了"知行合一"和"内圣外王"，我们再来认识第三个关键点，"致良知"。王阳明认为，人生应该是在"致良知"的过程中度过的，我们人生的整个过程是"致良知"。仔细分析王阳明的致良知，主要有三层意思，一是"致"，即寻求追求，达到的意思；二是"良知"，王阳明说得很清楚，它是人的本性，善良的本性，道德的本性，友善和悦，兼济苍生的本性，这个是人人从一出生就有的，他说，"圣人之道，吾性自足""若是知行本体，即是良知良能"；三是他告诉我们"知

---

❶ 王阳明：《传习录·陈九川录》，中国华侨出版社，2014 年 1 月第一版，第 352-353 页。

行合一"的终极目标是"良知",即"练"的目标是"良知","王"的目标是"良知"。他说,良知是你内心的圣,"人胸中各有个圣人,只自信不及,都自埋倒了",他说"人孰无根,良知即是天植灵根,自生生不息"。❶

结合庄子之说,我们看,庄子的"内圣外王",已经在原儒家学说基础上有所进步了,他首先要求统治者"行仁政而王,莫之能御",即仁心治理,天下归顺;同时,也提出了许多"王"术。如"尊贤使能""以德服人""省刑罚""仁交小国,智交大国"等,这是春秋战国时期诸侯列强争霸状态下先哲们提出的"王者"之道。王阳明在距那个时期1800年后进一步发展了这个思想,他丰富了"内圣"的含义,他提出的"良知"一说比传统儒家"圣人之学"和"道"其外延要宽泛。我粗略归纳出以下三个含义,一个是天地大道,自然规律以及客观事物规律,人伦常理、社会秩序机制规范;一个是个体自己精神世界在当下达到的尺度和高度;一个是个体对自己确定的要求和标准,对自我约束的程度。

在王阳明的表述中,良知不仅仅是社会道德规范,他还指人心本初即人的本善,比如舐犊之情、怜悯之情等,这比

---

❶ 王阳明:《传习录·黄修易录》,中国华侨出版社,2014年1月第一版,第368页。

第二章 人生的境界

中国儒家把道统都归于圣者王道、高尚道德更亲切了些,更人性化一些,更看到了除英雄人物、帝王将相外,芸芸众生所具有的先天资质,也就是芸芸众生"天生丽质","人胸中各有个圣人",也就是每一个人,每一个平凡的人,每一个百姓都能在日常生活中做自己的那个"圣怀王"。

这样一来,王阳明的"良知"并不是冷冰冰的道德条律,它是生动的,变化的,随着人的成长、发展、壮大过程不断变化,不断总结,不断进步,它与实践相伴随。王阳明说:"某于此良知之说,从百死千难中得来。"可见,"良知"不仅仅是宏道巨义和圣人之说,它可以是经过实践考验自己的心得,它可以是老百姓朴素的善良的心愿;是艰难世事教会一个人的正向的信仰和信条。这是在儒家"天道"的基础上发展出来的人的精神追求——"良知",包含了人之情愫,道德自律,人间大道,高尚追求,善心温情,人生总结,人生信条,失败教训……甚至可能更多,一句话,就是人人皆有,人人皆可追求,一点也不高大上。

因为这个"圣"适用于任何一个微小的生命,这是把儒家为皇家出谋划策的学说变成了百姓之学,"内圣外王"就从高高庙堂下到"凡间",充满了"烟火气",广大百姓都可以将其用于成就自己,都可以学而时习之而升华人生。历史在这里得到发展,这是儒家思想的一次革命,是儒家思想的"群众路线"。因为它可以是生活中大小事务的追求图景,它使社会精英和普通人家的人生过程都可以处于一个不断追求完美的过程,进而可以形成社会整体向上的理想化状态。

在"内圣"接地气的基础上,王阳明在"外王"上又丰富和发展了它。在他的思想里,"致良知"与"外王"是一体两面,是一个事物的两种不同描述。"致良知"就是"外王","外王"就是在"致良知"。"致良知"是在生活中发散和实现本愿,是动态的进程;"外王"是本愿付诸实践,是不断进升,达到正向的结果,都是人生图景的描述。因为老百姓也可以"微外王",故而这里的"外王"也是传统儒学之"外王"仅限于权谋之术的颠覆性发展。

这样,阳明心学"内圣外王"为过程的"致良知"实际给予我们的是一生的课题,不能把"致良知"仅仅理解为一个["致(动词)+良知(宾语)"]动宾结构短语,而应理解为"学习+实践"活动。在王阳明的世界里,"致良知"既是一个名词,又是个形容词,是一个人生的形容词,是人生各阶段不懈追求的描绘。人生永远都在"致良知",人生是由一个一个可大可小的,一次又一次可事业可家庭的"致良知"的过程构成的(见下图)。

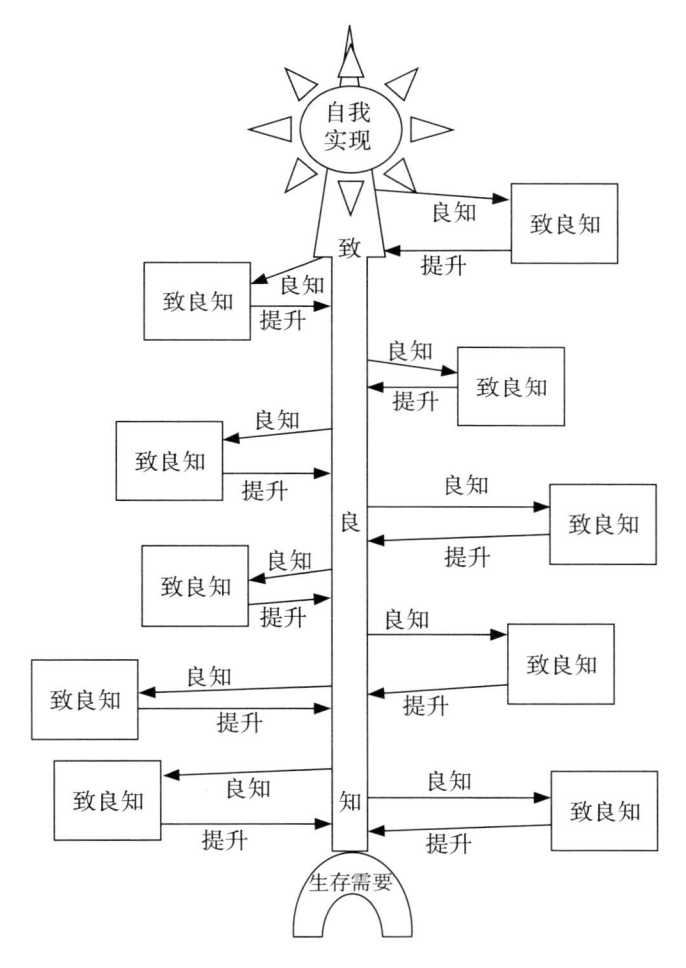

人生就是一次一次的致良知

再说得详细些,人生的每个阶段都会有"心结","内核",都有你对生活、环境、人事、目标的认识,之后你就开始"出发"，开始在"事上练"，开始完成这一个"小目标"。过程是：首先我们要发现那个"心结"，这个"天理"，这个"内核"，无论你是在经历疯狂爱情，还是在完成事业的一个阶段，你都要首先找到它的"良知"，就是它最正当、最正确、具有社会意义和人文意义的内核，认识你为什么要去实现它。然后你呵护它，成长它，弘扬它，让它成为你这个阶段的价值和统帅，然后开始并持续进行知行合一的行动实践，历经挫折失败都坚韧向前，完成一个"致良知"的过程。一个目标完成了，另一个就出现了，你便又"出发"了。人生是有很多阶段性的"良知"在等你，需要你去"致"，你完成了一个又一个，在一次次的完成中，某个时刻你已经站在了人生之巅，达到了"自我实现"，回头看看，一个台阶一个台阶似乎很清晰，一个一个经历的境界历历在目，而你的境界已经"廓然大公"了。这就是王阳明的人生成功学，是有别于任何人的"致良知"说和"外王"说，可以这样概括，"致良知"的过程，就是人不断提升自己境界的过程，王阳明的"致良知"说，实际上是人生境界说。

五、不断攀援境界

人生在每个阶段，都有你的境界，它决定你的状态。如果站位较高，目光深远，境界就高；如果智商足够，情商充沛，处世得法，便会实现一个小目标。一旦实现了一个小目标，你登高一步，其眼光认识、目标理想肯定不一样，这就要再次因地、因时、因人制宜而做事（行），从而开始一个新的境界，这就是"致良知"，这就是境界不断提升，人生不断进步的过程（见下图）。

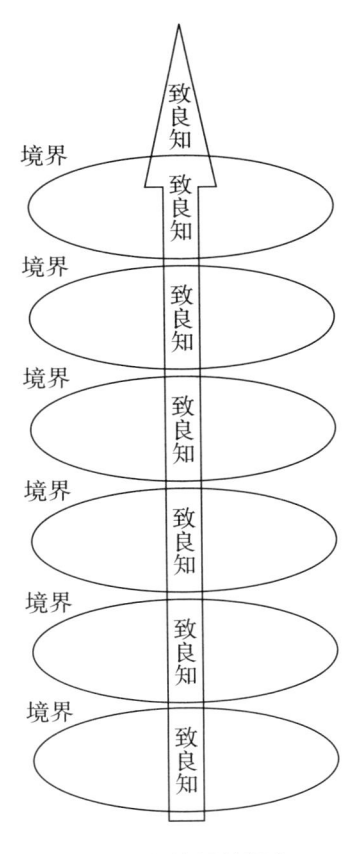

致良知与境界的提升

我把"致良知"分这么三个层次来理解,第一,它首先是一个动宾结构,"致"是个动词,有寻求、寻找、达到的意思,"良知",是一个名词,即为方向和目标,动宾结构的含义,就是去做,去实现,去寻求,去达到。第二,"致良知"是一个形容词,它是一种什么形容呢?是一种个体前进状态的描述,它是人生进化、升华的一种总体状态的描绘。第三,"致良知"还是一个名词,它是你自己对人生的精确表达,可以是人一生的终极目标和目的的总的概括,是人对自己做人做事不断约束和矫正的统摄标准,是你判断其他个体精神世界的心灵标尺,是诤友之间对话和探讨问题的惯用名词。

六、致良知的峰巅

可能有人会说,你这样讲"致良知",连小目标都可以,那么,是不是生活琐事也有"致良知"呢?当然有。有些人说,我想吃饱饭是不是有"良知",是不是小目标呢?当然是,王阳明说:知行合一!你要知道"吃饱饭"三个字可以有多层面的理解。如果你还停留在生存阶段,那你的认识(知)必囿于一粥一饭,那你的"行"自然只能去"卫身",只能解决当下问题。进一步呢?阳明心学忠实弟子曾国藩曾给家人写信说:"卫身莫大于谋食,……然则特患业之不精耳。"是说吃饱饭也是要有思考的,靠什么吃?有没有手段?是不是正规手段?能不能维持长久?职业技术精不精?你看,一个吃饱饭的问题,实际上可以上升到对"职业""事业"的认识。所以前面说了,人生的"良知"是从日常出发参透宏观大义,它可以低而立其高,狭而立其广,凡而立其卓。世间诸人从基本生存需求到"自我实现"的需求的满足过程,都可以树立目标,都可以"致良知"。但是,一般来讲,有兴趣探讨人生如何成功的人,没有不在内心树立远大理想的。"致良知"最原生态的意义还是要树立远大的理想。

必须拥有最大"公约数",公正才会存在

人首先要树立自己远大的理想,而且要确定作为人生的终极追求,与人类的光明未来相契合的终极追求,作为自己的"良知",它要在远方指引你,牵引你,成就你的大境界。据说美国人的著作《公正》里面在对有关社会公正的理论进行了历史和现实的阐述之后,最后指出,真正的"公正"策略制定和推行,必须号召社会人群要有人类"共同的善"。否则,没有一个政策会被所有人认可。

人生应该是在这样一个大良知牵引下一个一个"致良知"完成的过程。我们从脚下的境况开始,开始知行合一,先致一个小"良知",进而到达一个小境界,以"路漫漫其修远兮,吾将上下而求索"的精神,永远不停止,不断提升自己的人生境界;完成一个又一个"致良知"的过程,构建自己的人生境界。构建出自己的人生境界,便有了人生气象,并在认知和行动中积累人生智慧,逐层、逐步地冲刺自己的人生大境界,最终完成"自我实现"。到那一刻,你会知道,你的最大的"良知""致"到了;你会发现,其实它也是人类共同的"良知",是大家共同的善良本性,是愿意为更多人服务的本能和本愿。

人生最大的良知是什么?是为人,是利他,是为其他人造福!可能有人会问,达到人生能达到的最高境界,就会为人类造福吗?答案是肯定的。从人类发展史上看,人能"群",说明

第二章 人生的境界

人是倾群、向群、爱群,也需要群,也愿意为"群"而付出,这是本愿,是本能,只是后来被遮蔽了,我们需要去"致"。从理论上讲,无论中外,正向的社会力量都要求普通人只有与人类的光明前景相契合的才叫"大境界"。王阳明的"心即理""心外无物",理是什么,天地之道,自然规律,人文情怀,人情冷暖。王阳明在人生的后期用最简练的语言描绘了这个"理"在何处,"吾心光明,夫复何言""所谓汝心,却是那能视、听、言、动的,这个便是性,便是天理"。就是说心本身是光明的,它是人与生俱来的本性,就是与天地"同呼吸"便是"善"和"无私"。古今往来,人们都盛赞天地对人类毫无保留的奉献,被列为"四书五经"的《中庸》就总结道,"天地之道,可一言而尽也,其为物不贰,则其生物不测"。王阳明曾经给弟子们说,为什么说人心本善,心即天理呢,因为连盗贼你当面去叫他的时候,他都会扭捏旁顾,会不舒服,所以,人一辈子"致良知"说穿了是回归本性,是挖掘和重新释放自己内心的光明。人,无论谁,感受到舒服的环境是什么?是对自然、天地、民心、人情、人性的遵从。人自己充满喜悦的时刻是什么,是回归如婴儿般纯净的本心,释放光明,释放温暖,释放善良,给别人帮助,得到周围人交口称赞的时刻。我们每个人其实都是愿意这么做的。王阳明在告诉我们,人生的历程就是一个达到这个境界的过程，可能有的人开始并不自觉，或者说无意识，只是埋头前进，真正达到"境界"也明白了，因为"心"之使然。所以说，阳明之学后人称为"心学"，道理就在这里。说到底，如果我们人生有追求，学做"圣人"，只是一个回归本心的过程，"夫圣人之心以天地万物为一体，其视天下之人，无外内远近，凡有血气，皆其昆弟赤子之亲，莫不欲安全而教养之，以遂其万物一体之念"❶。王阳明反复强调人格修炼的起点就是"认心""找心"，然后"立心""缘心""练心"。因为人性之善的起源在"心"，也是生命的根本，一生努力拼搏，"致良知"，实为还原本心，回归本性，最终让善意解放，为他人造福。在这里我的理解仍然是一体两面。造福众生既是"致良知"的结果，也是"境界"的外溢；它是"致"到"良知"的表征和喜悦，更应该是"致良知"的动因。

王阳明接着说，"圣人之心，纤翳自不相容，自不消磨刮。若常人之心，如斑垢驳蚀之镜，须痛加刮磨一番，尽去其驳蚀，然后才纤尘即见"，又说"圣人者，无事处之，尽吾心而已"。❷ 王阳明想表达什么意思呢？在人类社会，在人世间的

---

❶ 王阳明：《传习录·答顾东桥书》，中国华侨出版社，2014年1月第一版，第285页。

❷ 王阳明：《传习录·陆澄录》，中国华侨出版社，2014年1月第一版，第200页。

确有"圣人"存世,他们以天下为己任,共济苍生,不为世俗所羁绊,一生寻求甚至创造人类的光明,如特蕾莎修女、圣雄甘地等,他们没有"致良知"的任务,他们本身就是良知。而我们俗人,本心已被私欲所蔽,便要磨去垢尘,重放光明,人"但着了私累,把此根牂贼蔽塞,不得发生耳","世之君子,惟务致其良知,则自能公是非,同好恶,视人犹己,视国犹家,而以天地万物为一体"。❶ 所以,普通人,我们这些芸芸众生就有了"致良知"的任务。能做到吗?当然!何时做到呢?当然是阳明之学认为是达到"大境界"的时候,是能够帮助别人的时候,无我的时候,一心利他的时候。

一位国外的社会学家曾经这样说,人的一生是一个逐渐成为"人"的过程,也就是人长"全"的过程,也就是人逐渐摆脱对自身成长的需求开始把眼光放到他人身上的过程!"成人"才算真正出现。有的人,一生都没有长大,因为他(她)没有完成"人"的天赋使命。这里肯定说了两层意思。人的肉体长大是生理年龄的18岁,你不依靠别人,你要关注他人了;人的精神长大的年龄就不固定了,因人而异了,你开始关注他人,帮助他人,生出利他之心,也许是18岁,也许是28岁,抑或38岁、48岁,甚至58

---

❶ 王阳明:《传习录·答聂文蔚(一)》,中国华侨出版社,2014年1月第一版,第325页。

岁,有的人进展缓慢,有的人一辈子都在做这一件事。

想想是不是这样呢?人有多少次都是在老年后才悟出了人生的道理,有多少次慨叹:如果可以重来,我将……正像开篇选用的那个智者墓志铭上所说:我改变了自己,或许能改变世界。谁知道呢?宋代大儒朱熹在《大学或问》一书中曾描述了人长大、心长成的状态:"人之一心,湛然虚明,如鉴之空,如衡之平,以为一身之主者,固其真体之本然。"这是一种多么令人向往的成熟状态。

人从婴儿到成人据说重走了从爬行动物到人的过程,
心灵的成长也有一个类似的过程

七、结论

我们回归我们开篇的中心话题：人的身体！身体，是我们人先天的"压舱石"，是我们发展的总前提。如果先天不足，不够出众，不够满意，这是令我们有些绝望的事。但这时候，我介绍一位尊者来给大家开导，这个人就是王阳明。他告诉我们什么呢？人，最重要的是内心，你的"心"！你的心怎么想，你的心怎么认为，你怎么找回，修炼回自己的内心，这是最重要的。其次，你要知道这其中的逻辑关系，然后去行动，然后去"致良知"，然后去达"境界"。

阳明之学乃人生制胜之道，也是回归本心之道，这个"心"要逐渐明晰、强大起来。相较身体，决定人一生的是一颗强大的心，是自己能"持"住的心！是自己的坚守，是自己的摒私，是自己的努力。若没有确定的心志，强大的心愿，心旌动摇，频生疑惑，可能就如佛教《地藏菩萨本愿经》中说的那样："是南阎浮提众生，志性未定，习恶者多，纵发善心，须臾即退。"更有甚者，"纵遇教视令熟，旋得旋忘，动经岁月，不能读诵（经文），是善男子等，有宿业障，未得消除"。亦如阳明先生说心镜"斑垢驳蚀"，不知打磨，心路闭塞，浑然不觉，则一事无成。

内心本有，我须明了；需要持守，我须知道；需要修炼，我须精进；事功作为，我须自助；此心光明，引我强大！我们作何选择呢？我们要做哪一类人呢？我们能收摄自己的内心吗？成就一颗强大的心脏吗？路，在自己脚下。

第三章　人生的练路

我们面对无力的困惑，我们知道了量能之间可能的制约关系，我们学习了王阳明之说，我们应该知道，人生有许多先天的限制，许多是人为所不能的选项。这是作为"知"的必需。然而，我们又必须"行"，既生之为天地间生灵，自然要为自己打造出一片天地，找回自己的天性良知，不懈努力奋斗，释放天性之善，让世人看到我"这一个"的自我实现。笔者以知天命年纪进行总结，认为我们这些人群中的普通人，人群中太大众的人，要走向最高境界，满足"自我实现"需求，有以下路径可走，可以概括为，一个立，二个看，三个练，四个好。

一、一个立

（一）要立大志

一个立，乃立志也。励志类的书籍经常说，心智决定视野，视野决定格局，格局决定成败。我非常同意"视野决定格局"，然而它的前后两句我都不同意，心智怎么能决定视野呢？应该是高度决定视野；格局能决定成败吗？仅有格局，而没有"事上练"的功夫，一样一事无成，只有格局没有行动甚至可能沦为言语上的巨人，行动中的矮子，目前网络上的年轻人把这种人称为"积极废人"，这种人一事无成。

这里的高度，是指人为自己人生确立的高度。人怎样给自己定位？人生要实现什么？应该在度过懵懂少年时期就确定下来。是小富即安，还是兼济天下；是闲云野鹤，还是终身济世；是不越规矩，还是洒脱不羁，是应该早早明白的，如果你已三十而立，还模糊不清，恐怕你也不是个有大作为的人。伟人都是从小就有大志向的人。

普京，1952年10月7日生于列宁格勒（今圣彼得堡），中学时代的普京是位活跃分子，积极参加健身队，几次获得桑勃式摔跤冠军，是同学们信任的"头儿"。有一次，老师让写作文《我的理想》，同学们有的写想当老师，有的写想当作家……普京课余时间喜欢读《盾与剑》杂志，特别喜欢里面的"克格勃"。他又想起父亲对他的教导——要做一个对国家和人民有贡献的人，而做一名出色的间谍不是很有意义吗？于是，他在作文本上这样写道："我的理想是做一名间谍，尽管全世界的人们对这个名字都不会有任何好感，但是从国家的利益、人民的利益出发，我觉得间谍所做的贡献是十分巨大的……"后来，在一次参观"克格勃"大楼之后，普京走进了"克格勃"列宁格勒局的接待室。一位工作人员听了他的要求后，对他说："你的想法很好。但是，我们不接受主动来求职的人，只接受服过兵役或者大学毕业的人。"1970年，18岁的普京中学毕业，以优异的成绩考入列宁格勒国立大学法律系。大学毕业后，他开始从事对外情报和国外反间谍工作，实现了自己"做一名间谍"的理想。

王阳明6岁未能开口说话，一说话便语出惊人。据阳明先生年谱记载，有一天王阳明在私塾上学，刚刚11岁的他突然站起来问老师一个问题："何为（人生）第一等事？"老师回答说："惟读书登第耳。"王阳明却说："登第恐未为第一等事，或读书学圣贤耳。"意思是通过考试金榜题名未必是第一等事，学做圣贤大师才是。在11岁之际就视学而优则仕、谋取高官厚禄为稀松平常事,可见,在幼小的王阳明心中,他的志向是多么远大。在15岁那年,有一天早晨,王阳明突然拦住准备上朝面圣的父亲王华,从袖子里掏出一篇奏疏来说:"听闻最近京畿之内有石英、王勇作乱,秦中有石和尚、刘千斤等造反,这是我为皇帝写的《帝国平安策》,请父亲大人代为转呈皇帝……"父亲惊诧不已,虽并未将策本带上朝堂,却为儿子的大胆狂放惊异。自小就将军国大事视为己任,志向远大的王阳明,果然在后来成就了不世功名。作为新儒学的代表人物,王阳明特别强调"立志"的重要性。他在贵州龙场设立龙岗书院,教授学生安身立命的四句教条,即立志、勤学、改过、择善。"立志"是放在第一位的。

志存高远,对人的向上向前的牵动力是很大的,而且能使人类的身体迸发出不可思议的力量。我们现在很难想象,女英雄赵一曼、江竹筠分别在日军的监狱和国民党的监狱中,怎样挺过一次次的严刑拷打,这必须来自坚定意志和志向,来自女英雄对她们投身的伟大事业及建设一个新中国的坚定的信心和决心。我们说,如果我们要克服先天不足,尤其是身体的不足,请在思想上锤炼钢铁般的意志!意志将强化人的精神骨骼甚至可以打造出另一副精神骨骼!

第三章 人生的练路

我们由衷地佩服赵一曼等女英雄，她们的精神意志如钢似铁

在阅读美国记者埃德加·斯诺（Edgar Snow）的《红星照耀中国》一书时，我被斯诺对八路军指战员饱满精神状态的许多描写文字所触动。斯诺描写了解放区的人们从上到下所散发出的革命乐观主义和坚定的打碎旧世界建设新中国的意志。他是这样写的：在当时的苏区人们都有着坚定的信条，什么信条呢？那就是，要像苏联那样建立一个人人平等的新社会，要像《共产党宣言》里所说的那样，要去解放全人类。斯诺说："在他们看来，苏联的作用最有力量的地方是作为一种活榜样，一种产生希望和信念的思想。这成了在中国人中间帮助锻炼钢铁般英勇性格的烈火和熔炉，而在以前许多人都认为中国人是不具备这种性格的。

中国共产党人坚定地认为，中国革命不是孤立的，不仅在俄国，而且在全世界，亿万工人都在关心地注视着他们，到时候就会仿效他们的榜样，就像他们自己仿效俄罗斯同志的榜样一样。""今天这些共产党人认为，除了他们自己的无产阶级统治的小小根据地以外，他们还有苏联这样一个强大的祖国，这种保证，对他们来说，是巨大的革命鼓舞和营养来源。"

有了这样的氛围和思想，红色根据地的年轻战士，"在这些年轻的没有什么训练的头脑中，逐渐形成了简单然而强烈的信念，从形式上来说是很符合逻辑的信念，也是任何一支十字大军为了要加强精神团结、勇气、为事业而牺牲——我们称之为士气的那种精神——都认为是必要的信条"。年轻的红军战士都在他们的内心中，"对自己同红军的关系极为自豪，对共产主义有一种宗教式狂热的纯粹感情"。

小红军战士们成为红色根据地拥有无限未来的一种象征，他们"精神极好。我觉得，大人看到了他们，都往往会忘掉自己的悲观情绪，想到自己正是为这些少年的将来而战斗，就会感到鼓舞。（红小鬼）他们总是愉快而乐观，不管整天行军的疲乏，一碰到人问他们好不好就回答'好'，他们耐心、勤劳、聪明、努力学习，因此看到他们，就会使你感到中国不是没有希望的"。因为他们心中"有一样东西是白军无法仿效的，就是他们的革命觉悟，那是维系斗志的重要支柱……是他们为之战斗和牺牲的简单的信条"。在与日本帝国主义和国民党反动派的斗争中，"只有团结最一致，目标最坚定，精力最充沛的力量才能取得最后的胜利。这种团结一致如果不能说明他们胜利的话，在很大程度上说明了共产党人为什么能够免遭消灭"。

有了远大的志向，还要有强烈愿望。这方面的认识和杰出实践者是日本人稻盛和夫，他说：根据我自身的人生经验，我也坚定一个信念，那就是"内心不渴望的东西，它不可能靠近自己"。亦即，你能够实现的，只能是你自己内心渴望的东西，如果内心没有渴望，即使能够实现的也实现不了。换句话说，内心的愿望和渴望就原样地形成了现实中的人生。在想要做成一件事情时，首先应该想想自己要这样做或那样做，并愿意付出比其他任何人都强烈甚至粉身碎骨的热情，这是最为重要的。

作为个案，稻盛和夫自己的事例给我们提供了成功的范例。红军在艰苦卓绝的环境下取得的胜利则是人类团队发展历史上无法磨灭的深刻印记，它证明，我们不但要有光明的思想，还要坚信它并迸发出强烈的渴望以及热情。

（二）绘制图景

心理学认为，对未来有图景式的描绘，对个体的吸引力最大。所以我相信，在那个年代，所有解放区根据地的人们对未来新中国都有着自己的图景描绘。因此，我建议大家每一个人应该给自己远大的理想描绘一幅美丽的图景，图景中你是这个故事的主人公。深圳市涵德教育机构的包剑英老师讲述了这样一个很好的观点：一个人抑或是一个企业高下之分在哪里，在于出发时是由使命愿景推动的，还是由资源机会推动的；同时，他认为企业元首的领导力在哪里，在他向世界和环境表达愿景的能力！这是一个非常令人折服的观点。

超凡脱俗是一种气质，也是一种习惯养成，它可以成为内驱力

图景式的目标，能给人更多的牵引力和动力，有这样三个原因：第一，有关人类记忆研究发现，我们的记忆都是以图像形式存在的，无论我们检索什么样的记忆，大脑提供给我们的都是图像。记忆研究表明，图像也更容易记忆，也容易潜入人类的潜意识，慢慢积淀为暗示，成为记忆的暗物质，成为时刻推动你的无形的力量。第二，人类心理有一种价值"锐化"现象，即对自己认为有价值的东西，或与自己价值观相匹配的东西，认知时间非常短，就能由瞬时记忆转化为短时记忆，也就是可以"秒杀""秒存"。人类是以自我为中心的灵长类动物，惯常，所有与你人生目标有关系的事你都会过目不忘，尽收眼底（你仔细想想是不是这样）。如果再加以图像化，将产生一加一大于二的裂变效果。第三，如果你设计一个图景，会有一个形成的过程，思维的形成过程，大脑的印刻过程，这本身就是一个坚定的过程，坚持的过程。一次次大脑中的映现对自己是激励，对追求是固化。图像越来越清晰，场景越来越完美，信念也就越来越坚定了。当目标被描绘出来，你开始启动你的行程，你会发现你想停已经停不下来了，是吗？是的！这个叫"棘轮效应"，它仍然是心理学家对人心理研究的结果，就是人一旦进入有价值的生活状态，再要回到无所事事的状态是不可能的，正像荆棘编成的车轮，顺刺顺向则可行，逆向逆行则毛刺反扣，根本无法动弹。建议大家对此积极予以体会。

（三）价值判断

面对纷繁复杂的身边事务，有一个科学的认识论可以指引我们，就是我们要摆脱利益判断，进行价值判断。这个过程改变你的"三观"，即世界观、人生观、价值观。习近平总书记强调共产党员的"三观"，要以社会责任、人民利益为自己的追求，校正自己的"总开关"。他说"求木之长者，必固其根本；欲流之远者，必浚其泉源"。对党员、干部来说，思想上的滑坡是最严重的病变，"总开关"没拧紧，不能正确处理公私关系，缺乏正确的是非观、义利观、权力观、事业观，各种出轨越界、跑冒滴漏就在所难免了。思想上松一寸，行动上就会散一尺。镜子要经常照，衣冠要随时正，有灰尘就要洗洗澡，出毛病就要治治病。

那每一个普通人有没有"三观"？有！当然有，而且伴随终身。我们要拽出来掂量一下在哪个层面。所谓的"价值判断"，是把一件事放在宏大目标的框架下进行考量，进行比较，作出选择。上乘的结果是对利益的看法突破凡俗，对得失的看法不再庸碌，进而形成不同一般的格局，就是我们在前面所谈到的格局，前面我们说了一个人的格局，本质核心是这个，是这个基础判断在起标尺的作用。王永庆去客户家里腾挪米缸，损失的是力气和些许利益，得到的是口碑和价值，这就是在利益和价值之间，也就是在小的利益和大的利益之间作了很好的选择。

我们来说中国共产党开展的脱贫攻坚工作，个别人颇有微词，尤其敌对势力攻击说好大喜功，劳民伤财，包括体制内的个别人也不能理解这样一个行动的必要性，实际上这就是一个利益判断和价值判断的问题。就从经济效益上讲，中央财政拿这么多钱投到贫困山区、贫困人口身上，效益自不比沿海发达地区的回报率高，有些甚至几乎没有效益，但这里又有一个宏大目标追求的问题，就是共产党的初心和使命，中国共产党自建立就致力于为中国人民谋福利，谋幸福，那就不能有被遗忘的角落，有被遗忘的群众，就必须想办法实现共同富裕，这事关一个党的政治追求、政治承诺、政治评价，不是可以商量要不要做，可不可以做的事，是必须做好的事。这不是投资回报率的利益问题，而是一个政党的政治举措，是重大价值判断的结果。习近平总书记说，共产党"坚持以人民为中心的发展思想，坚定不移走共同富裕道路"，"我们始终坚定人民立场，强调消除贫困、改善民生、实现共同富裕是社会主义的本质要求，是我们党坚持全心全意为人民服务根本宗旨的重要体现，

是党和政府的重大责任"。❶

我们再来举一个生活中的习以为常的情况，如果你今天早退了，干了点私活，单位领导没发现。这件小事也会映照出你的价值观。如果你觉得自己占了便宜，甚至沾沾自喜，那你仅仅是在进行利益判断，而不是价值判断。如果你意识到，不是为某个领导，某个张局长，某个李局长去干，而是为了自己更宏大的梦、更宏大的目标去干，那你今天的"私奔"，损害的是你自己。首先说到底今天的"私奔"得了些眼前利益，而没有任何价值；其次如果你有人格追求，那你损失就大于收获了，撒谎是有损人的核心价值的。有以上的考虑你就不会去做，不会因贪小利而损大义。这就是人修定"三观"的必要性所在，你要确定，什么是最有价值的？世界万物于你而言意味着什么？什么样的人生是有价值的？你要开启怎样的人生？王阳明说："凡处得有善而未善，及有困顿失次之患者，皆是牵于毁誉得丧。"❷ 说穿了，就是为眼前蝇头小利所绊，本身没有或忘却了终极目标，这就没有大格局。为什么你终日忙碌，疲于奔命，千头万绪，心乱如麻，烦躁急迫，纠缠在烦琐事务中

---

❶ 《习近平在全国脱贫攻坚总结表彰大会上的讲话》，《人民日报》2021年2月26日第一版。

❷ 王阳明：《传习录·答周道通书》，中国华侨出版社，2014年1月第一版，第294页。

不能自拔,是因为你心中整个"牵于毁誉得丧","毁誉得丧"是什么?就是做了利益判断,拘泥于眼前利益,没有长远目标。你的出发点,你的终极追求,不是"致良知",而是"小日子"。

这是一个问题的两个方面,立了大志,你自然凡事"致良知",依据价值判断来行事做人,依据自己已确定的价值来取舍进退;而当一个人,历经万事都从价值上而非利益上予以判断,就已经显现出"志"的光晕,"志"在自己身边每日伴随,日渐清晰,日日接近,就是在"致良知",就是在升华人生的境界。

其实过有价值的生活是有愉悦感存在的,远到在延安时期的中国共产党人,近到现在我们都心生敬仰的民族企业家们,譬如任正非,我相信他们一定是快乐的,他们每天忙碌,但他们一定内心充满了愉悦,就如抗战时期的每一位八路军战士,今天每一个能代表民族高新技术产业发展的企业的员工,他们心中的快乐和金钱的关系并不大,而是来自他们感觉到的,他们正在背负的宏大的使命。又比如单位的运动会,报名时大家不觉得,等到开始比赛,尤其是比赛进入白热化,能代表集体上场争夺的人,付出体力,付出汗水,但心里很高兴,为什么,因为他超越自我,为众人的目标而努力,再苦再累心里

"甜"。这是人的本性。网上有几段文字很好,我抄录在此与大家分享:"人有两次生命的诞生,一次是你肉体出生,一次是你灵魂觉醒。当你觉醒时,你将不再寻找爱,而是成为爱,创造爱!""当你愿利益众生时,所有的资源都会流向你,因为资源是服务众生的。""当你替天行道,利益天下,天就会来帮你!当你为己谋利,背道而驰,天就会来罚你!""小我讲利,先利再益,烦恼不断。大我讲义,先义后利,快乐回家。爱自己不是爱你的小我,而是联结回归你的自性本我,清静、慈悲、光明,爱就是你的本性。"

为什么我认为"良知"的峰巅是"为人类造福",一是因为本心使然,二是因为它会产生快乐和愉悦,而且这种快乐是无法复制的,是不可替代的,人一旦品味就会沉醉,就会执着,一辈子不肯放弃,所以才有那么多人前赴后继。在世界各个民族各个社会就会不断出现英雄人物和英雄集体,不断推动社会变革和人类进步。只可惜,在日常生活中,我们芸芸众生在大部分时间对此是忘却的、忽视的,如王阳明所说普通人性如斑驳之镜,忘记和缺失了这种大快乐,须时时刮磨啊!

第三章 人生的练路

中华民族从来不缺少为民请命的英雄

（四）天助英才

有一个规律性的东西在这里要告诉大家，凡立大志者，多半特立独行，一般不见融于环境，却常常都有伯乐相识，所谓：但凡名宿有困厄，天助英才渡难关。有大量事实证明以上规律。王阳明从小就是刺儿头，才华超群，却不守规矩。当朝做官的父亲十分头疼，两人冲突不断，然而其爷爷王天叙（又名王伦）却慧眼识珠，多次巧妙呵护其天资，因材施教，剔其顽劣，发掘其才华，使之顺利成长。十大元帅之一彭德怀，父亲深觉其犟，不甚喜欢，加上后母歧视，童年艰难，私塾老师也看不上这个不听话的学生，经常打骂。可他有一个舅舅很喜欢他，在他走投无路

119

时收留了他，并专门请一位古文先生上课，助他成长，直到他怒抢地主米仓参加革命，完全开启自己新的人生为止。人人皆知的"完人"曾国藩，早年天资一般，屡试不第，十分沮丧。甚至有背诵课文不得，连梁上君子都耻笑的故事。恰恰有一位当地乡绅欧阳先生，对他另眼相待，经常耳提面命，予以鼓励，并且积极向别人推荐他，表其才华，赞其品质，还曾试图介绍大户人家少女给他作妻子。不料对方觉得年轻的曾国藩身份太低，不肯许配，欧阳先生很无奈，毅然决然将自己的女儿许配给曾国藩。当然，后来发展的情况大家都知道了，欧阳先生真乃别具慧眼。曾国藩考试中第后在翰林院再次遇到了贵人——穆彰阿。穆彰阿一生坚定不移荐才、护才，先后六次在关键时刻举荐曾国藩。有一次穆彰阿分析皇帝的用意后专门安排曾国藩事先潜入场地做足功课，然后待皇帝到来时面圣坦陈。果然曾国藩平步青云。我个人认为，后来大紫大红的曾国藩一直谨慎自律，和他得到这些人无私的帮助有关系，因为他心存感激，感激上天对他的偏爱和呵护，所以收摄自己的粗劣之心、阴暗之心。因心存感念而断却"贪嗔痴"之心也是可以想见的，况且后来的曾国藩也在为人警诫中收获了许多，愈发坚持德行修养，形成了自己人格研修的良性循环。所以人生有大志向的男儿和豪杰，坚定地坚持自己吧，如果真是英才，天必怜之。有句网络语言叫"你自精彩，蝴蝶自来",自立宏愿为初心,历经艰巨向前行,矢志不渝,痴心不改,在信心满满、自觉愉悦中坚守,该出现的人一定会在对的时间出现在对的地方。

二、二个看

(一)阅书增益

第一个"看"为看书。看书就是向书本要成长食粮。人生在世,阅读是必不可少的,尤其是有志的少年和青年。读书的好处在中国,从官方到民间都有着充分的共识,从朝廷科举取士到家族光宗耀祖。读书,尤其是读经典,是二者建立联系的桥梁。从朝廷颁布的朝纲到家庭的家训,从传世名人到黎民百姓的家长都在强调读书的必要益处和收获。于今,我想说的是两点,一要读原著,读经典,减少乃至拒绝碎片化阅读,碎片化的阅读带来的是碎片化的思想。目前,我们人手一部手机,人们习惯了碎片化的阅读,它带来的直接后果就是信息过载,间接后果是莫衷一是。许多人说我们当下已经不知道该怎样吃饭,该怎么养生,这就是信息传播方便的同时产生的"灰黑"效应。

所以,我们读原著,读经典,可以提高认识,超拔境界,观摩名人，校正自己。阅读之妙在于或豁然开朗，或茅塞顿开，或触有所动，或激发情感，总之妙不可言。宋代著名文学家苏洵有一年端午节读书入迷，错把书桌上的砚台当成糖碟子，蘸了吃粽子，弄的满嘴漆黑，一时传为笑谈，可见他入书之深。无独有偶，著名翻译家陈望道在看到《共产党宣言》的原文时纵情投入，也把墨汁当成了糖汁，就着粽子吃。古人被书迷，今人着道"魔"，都是书籍给予了我们忘我而升华的力量。歌德曾经说过："读一本好书，就是和一位品德高尚的人谈话。"高尔基说得更好："书是人类进步的阶梯。"所以，如果你有大志向，你想做大事业，就是要读书。

二要博览群书。所谓读书要杂，不能偏废偏科，因为世界的丰富性决定了我们人类需要面对和解决的问题非常多。博览群书，有助于你在面对世界，面对环境时，显出你与人不同的见识，或者别人不具备的知识，有助于进入群体，凸显你的个性，引起人们的注意，有可能成为大家拥戴的对象。但可能有人会有这样的疑问，读书太杂，会不会相互混淆，杂乱无章呢？

对人类认知的研究表明，人的阅读是一种认知活动，而认知是对表征归纳以及加工的心理活动。生物体（并不限于人类）在认知方面常常会选择最佳线路，也就是说，生物似乎在内部本身就有最佳线路认知的"地图"，它会准确地把信息进行加工存储，以供提取。它每天辛勤工作，但却是在你的意识知觉之外，你说是不是很神奇？所以，我们在前面关于环境一节里曾经说过：城市长大的孩子要比农村长大的孩子大脑丰富一些，原因就是环境提供的信息要多得多。研究还表明，我们大脑对信息拥有更加有序的划分和精细化的分布，大概在出生后的十年内，大脑通过和外界信息看似"过眼烟云"式的交流，不停地进行"脑补"，形成许多不直接由五官有意识与外界互动提供的信息给自己，它所形成的记忆是一种知识"底色"，它是有组织的，并且有其自身规律化的内在结构，新信息进来它也"约定俗成"遵循这个通道并归位。我们平常随意摄取的信息，似乎杂乱地进入了大脑，但大脑有能力进行整理和归类，并安放妥贴。心理学家荣格认为人本身的"集体无意识"有两个层面，一是自然象征，二是文化象征。前者为远古图腾，后者为永恒真理。[1] 就是你的大脑预设有祖先们已经形成的东西。你新近摄取的信息，自然分类入库，应用时"应声而出"。如果你调取记忆的方式路径和它的内在结构或者内在的编码有很好的"匹配"，它会飞快跑出来为你服务。

---

[1] 荣格：《潜意识与生存》，华中科技大学出版社，2017年7月第一版，第159页。

对书籍的热爱实际是对自己生命的热爱

这其中相似情景即你摄取这个知识时的情景再现是回忆并使用既有知识的最好的路径（所以我在前文说，描绘未来图景是个好办法，它不仅吸引你，也容易在必要时唤醒你的深层记忆）；比图景场景次之的是提供有效的线索，如声音、气味、特定物、人物、时间等都能有效地触发编码，调取你所要的储备信息。

前文曾引用过的美国人理查德·格里格和菲利普·津巴多所著的《心理学与生活》一书还介绍，人对外的感觉"登记"在大脑枕叶位置，是由眼睛后的神经线路链接到枕叶某个脑区，产生一系列神经活动。但这种神经冲动可以在视觉脑区停留后转移到非意识区的其他脑区，德国科学家曾做过实验，给视觉神经通路受损的病人面前摆放一些本人没有触摸但生活中常见的物品，让他猜，告诉一些线索，他几乎全能猜中；而真正的盲人猜中率却很低。这说明，有些事情，有些信息是被"略过"而记忆的。比如一个物体形状、特征、色彩甚至气味只要我们"看到了"，尽管进入我们大脑的那一刻我们没有"意识到"，但大脑自己还是摄取了它，并把它存储起来。

但它给了人一种奇怪的体验，就是你感觉自己对某事是知道的，但你之前确实没有进行专门阅读或接触，这是人类大脑记忆的神奇现象之一。这个现象告诉我们，在我们精力充沛时，要拼命去读书，大可不必担心信息混淆和了无用处，实际上信息已悄然进入你的大脑，并安放在某个脑区，它按照自己的结构或者按照"集体潜意识"，找到了自己的归宿，然后等待着某一天，成为你能够运用的知识。历史上，没有一个伟大的人物不是博览群书的。近代史上人称"300年来唯一人"的陈寅恪老先生，之所以学贯中外，为一代宗师，就是"龆龄嗜书，无书不观"，"而有时阅读爱不释手，竟至通宵达旦"，如此雄厚基础才有了他讲授经典时，多数时候先抄了满满两黑板资料，然后闭上眼睛讲，有时瞑目而谈，滔滔不绝。其实很多人不知道那个时候，陈寅恪先生已经接近双目失明，他能以高深学养闻名学界，就是因为幼年以及成长过程中刻苦攻读，专心治学，读书破万卷。

（二）阅人助力

第二个"看"是看人。在《论语·里仁》中，孔子说："见贤思齐焉，见不贤而内自省也。"这里我提倡，有志者要向一切比自己强的人学习和看齐。凡遇"强人"便努力靠近接近，观察其言行，品咂其事理，模仿其作为，追赶其德行，比拟其成果。

一要善于择友，即择好友、择优友、择善友。首先你要学会甄别什么是以上"三友"，这就取决于你"致良知"在哪个层面，境界在哪个层面。要在人生的旅途中努力发现、开掘、靠近，跟随正能量、大智慧、大境界的人物，汲取营养。

二要善于寻机。网上曾经风行一段放弃无效社交的文字，本人并不赞同，你不结交和结识重要的优秀的人物，你根本没有机会看到自己的差距，你根本不会知道，世界那么大，世界上还有人拥有如此多可贵品质，可以拥有如此多优质资源。大部分人在心理上是趋利避害，求福避祸，求舒适远劳苦的，三国史书《吴志》中曾有这样的概括："夫人情惮难而趋易，好同而恶异，与治道相反。"心理学家总结人的思维规律是：人会飞快忘却痛苦的记忆，而捡拾美好的存留。我们回忆历史就是这样，人会过滤痛苦的过程而仅仅留下美好的回忆，这一点恋人分手后的思维变化就是最好的证明。就是说，人自身是偏向安逸的，你不主动找刺激，找不足，很容易在岁月中随波逐流。所以，我建议你主动去面对伟大人物或成功人士，找到差距给自己一些不适不爽的刺激，激励你不断前进。

心中有名人做引领，前行路上便有了明灯

谁决定了你的能——写给人群中不出众的你

　　同时，人思维的趋利避害还表现在，人在控制意识，集中精力的持续时间方面也是有限的，如果不加以刻意控制，意识会自动滑向自由和散漫的状态，这就是老师经常提醒学生记忆力集中的原因。所以，还要不断地去"看人家"，寻找与他人的差距。注意，结交不一定去攀附，而是感受和学习，我们知道，"阅人无数"是个褒义词，一般用于评价主人公经历丰富，眼光独到，事实上，的的确确通过阅人，你可以学习到很多本领。

　　三要善于总结。王阳明在"事上练"的策略之外，还针对天下芸芸众生的心浮气躁，失魂落魄，不能拨亮"心灯"焕发光明，指出要"静坐"。要有真正静下来自省的时刻，"汝若不厌外物，复于静处涵养，却好"。❶ 就是纷扰中要静下来思考。我们每个人可能没有这样的功夫——每天给自己一小段时间思考一下得失，但要想成长和发展，确实需要有这样的一个每天的必修课来思己度人，总结得失，收摄内心，净化灵魂。尤其是在面对优秀人和"巨人"时，观其言行，融化于心，厥为所得，当为必要。如同阅读美文，要感其华章，观其布局，学习辞藻，以利提高。总之，要有意识地进行提炼和总结，这也是

---

❶ 王阳明：《传习录·黄省曾录》，中国华侨出版社，2014年1月第一版，第374页。

"致良知"的功课和过程。很多著名人物都有记日记的习惯并伴随终生,大略记日记就是静坐静思的过程,是一个好习惯,许多在历史上留下名望的人,日记是他们最好的心路历程写照。我们可以借鉴之,若每天通过反省内心,见贤思齐,检索不足,勉励自身,长此以往,境界没有提升恐怕是不可能的。

三、三个练

(一)一练记忆力

记忆力,乃是一个人在生活和事业环境安身立命的利器之一,在工作场合,好的记忆力可以帮你记住工作细节,让领导对你满意,同事对你称赞;可以帮助你记住不起眼的数字,可以在某些场合,让人钦佩之至,甚至产生意想不到的效果,古今中外这样的例子不胜枚举。拿破仑在指挥作战中,不仅能够准确地记住部队的战斗位置,还能记住许多士兵的姓名和面容;英国哲学家卡尔不到十岁就熟悉多门外语;美国伟人亚伯拉罕·林肯在20年后,仍然能够喊出一起作战的战友的名字,尽管当时战火纷飞,而且多年后战友的容颜已改;意大利著名指挥家托斯卡尼尼指挥整个交响乐章,可以不用乐谱。这就是值得让人钦佩的本领。社交场合，好的记忆力可以帮助你记住交往人的姓名和职业，从而让对方有被亲近感，拉近你与陌生人的感情距离，打破人与人之间的隔阂，并迅速亲密起来。记忆力好还有一个较之他人有几何级倍数的优势，那就是熟记名辞章句，历史典故，在聚会交流中能口若悬河，引经据典，以博学多才，让人折服，以旁征博引，促人信服，以事实数据，自证其理，很快会成为社交的中心和引人注目者。这样的人经过历练基本上能成为团队的领袖。如果你致力于成为团队的领袖，去完成你的大志，完成你自己的使命，我认为第一练就是要练记忆力。

怎么练？提高记忆力的书籍很多，有美国人希格比的《如何高效记忆》，还有中国人史伟华的《超强记忆》等，我在这里想给大家说的是，记忆是一门技术，是完全可以训练的。记忆是怎么回事呢？心理学是这样来认定记忆，它分为瞬时记忆和长时记忆，它是人类存储和提取信息的能力。有证据表明，人的记忆先天就有框架来理解并分解，分通道输送并记忆，有这么几个特点值得关注。

第一，人有明显的状态依赖性记忆。记忆的内容有情景伴随，你会记得很牢；同时，你激活类似的情景，对你重新调取记忆内容具有很大的帮助，当下的情景，如果与你录入信息时情景高度契合和匹配时，你的记忆调取效果更好，所谓的"有图有真相""有图记住了"。我们都有这样的体会，猛然间见一个人面熟，但就是想不起来，但一旦我们自己或者别人提醒双方见面或相处的场合，你立刻就会想起他（她）是谁。这就是人类记忆的环境效应，也可称之为状态效应，所以我高度建议你把你想记的东西图像化，也高度建议你把你伟大的理想在头脑中图像化。

第二，信息加工水平的高低决定记忆水平。水平越高信息转入记忆，并成为长时记忆的可能性就越大，否则，就会成为过眼云烟，成为瞬时记忆，瞬间而逝。尤其是你急需把瞬间短时记忆转为长时记忆，你永远记得加工一下。比如说，你有意识地想办法概括出它的特征，梳理几个特点，用你自己喜欢的方式给它做记号，然后进行记忆，信息可能会成为长时记忆。

第三，记忆也有直觉，当你确信你知道某事时，你一般可以相信你的直觉（这个前文已有叙述）。记忆，有时藏在潜意识深处，需要时间加上你的直觉予以唤醒，比如说，你见了一个人，你会觉得在哪里见过，那么你不必着急，你和他相处一段，在相处的一段时间内，在10~20分钟之内，你一定会想起他是谁，在哪里见过，因为直觉就是记忆宝库的"闪电"，它会照亮封存的"物质",只不过,它有时候需要那么一点点时间。

第四,大脑的记忆是有序的,并非杂乱无章。即使杂乱无章,也是表面现象,大脑会根据理想、现实等标准,进行典型性的判断,这个标准,有社会的、法律的、伦理的、道德的,甚至可以是你自己确定的某些标准,大脑进行典型性的判断,迅速做出筛选,然后记忆。也就是说,这个是不是你的"菜"?如果是,它会促使你关注那些你十分注意的细节,也就是说,意识会自动促使你注意你自己的那盘"菜",而且注意了,你就妥妥记住了!换句话说,人的自私在记忆上也有反应,人良性记忆的大部分都是自己关心的。那么,问题就来了,如果我们要有效利用大脑记忆的这个特点,那么我们每天应该关心什么呢?正如前面所说,吸引力法则!我们把自己关心的事物提高一个境界,那是不是与此境界关联的内容就蜂拥而至呢?应该是的。要树立一个高的境界,让大脑形成自动搜索留意"良知"的机制,要努力关注正能量的东西。你的那盘"菜"是明亮的,那"灰暗"和"丑陋"就不会入你的眼帘,从而有助于形成良性认知积累,改善人生境遇,完成人生塑造。

第五,记忆的另一个特性也是来自人的天性——喜新厌旧。凡是新特奇异的事物更易记住，它会打破人的记忆图式，而被大脑深刻地记忆。这个特性，各类各级各媒介的广告商对此研究是最到位的，所以我们每天被各种令人惊诧和不惊诧的广告包围。这就是我们神奇的大脑，既习惯自己架构的框架路径，又习惯记住自己的"菜"；既习惯记住自己喜欢的情景，又习惯记住那些新奇的面孔和事物。这些规律有助于我们好好研究记忆并运用记忆。针对以上特点，你可以总结出若干条帮助你记忆的办法。

以下给大家推荐几个深加工的方式。

（1）数字法。你可以尝试将需要记忆的东西和数字排序结合起来，让自然排序的顺畅替代实际事物的杂乱和无序。

（2）联想法。把不熟悉的内容观其特点，再插上联想的翅膀，把生活中无形和抽象的东西变得有形有意义。比如，五线谱的高音谱号E、G、B、D、F，可以用一句话的首字母来记忆，这句话是：Every Good Boy Does Fine。译文就是：每个好男孩都表现良好，就容易记忆多了。

（3）间隔法。充分利用大脑的记忆规律，即短时的持续反复会把需要记忆的事物推进短时记忆。比如，为了某种需要，你必须记住一个电话号码，在你重复一遍电话号码，或者其他什么重要的要记的东西之后，停顿一下，然后再重复第二遍；

重复第二遍之后停顿一下，然后再重复第三遍，如此反复，就会记住。这是因为，凡是大脑中停留的时间超过20秒的东西，才能从瞬间记忆转化为短时记忆，从而得到巩固并保持较长时间。

（4）外语法。比如一个长的数字7412，3212，5390，0141，4952。你可以四个一分组，按照英文26个字母对应的顺序把它拼写一下，会有五个词出来，分别是"窗帘""纸盒""花园"等，你脑子里就会出现一些物品或图景，那么这些无序的数字就会被你这些图景幻化为形象，而更容易记忆了。

（5）书写法。书写也是帮助记忆的很好的方式。书写是一种创造性的活动，它同时包含了好几种大脑的活动功能，重复、默诵、识图、联想、动作刺激、承上启下等，都会帮助内容编码进入大脑并驻留。

随着近些年的神经科学的发展，以及仪器检测水平的提升，对大脑神经层面的研究越来越深入，科学家发现：大脑的结构并非固定不变，它的可塑性极强。一个著名的实验是，心理学家对伦敦出租车司机进行了调查，调查发现，出租车司机的海马体（大脑中主管空间记忆的组织）比普通人要大。心理学家持续研究了众多数学家大脑区域，发现数学家们的顶下小叶也比普通人大，而且研究数学的时间越长，这个区域越大，这意味着，顶下小叶的发展，是进行大量数学思考的结果。科研人员得出结论，不管是出租车司机，还是数学家，通过长期的练习，相关大脑神经得以重塑、调整、重组，反过来，大脑神经层面的"重新布线"，进一步促进相关能力的提升，这就如同力量锻炼，锻炼增加了肌肉组织，而肌肉组织进一步增加了力量。所以，脑容量大就是俗称的"脑袋大"，对一个人一定是有帮助的。

总之，大家可以认真阅读有关强化记忆的书籍，提高记忆力，展现超强大脑。在生活中，超强大脑常常是超强人生的基础和基本条件，运用超强大脑的机会很多，你值得拥有。我告诉大家，若你拥有，你就尽情地展现吧，展现的机会多了，超强人生大门也许就为你徐徐打开了。

（二）二练自持力

成功学告诉我们，能管住自己的人才能管住他人，这个没有争议。个人要满足自己人生最高层次的需求，走向自我实现的道路，要有自持力，这也应该没有争议。这里重点想强调一点的是"收放心"。

王阳明在江西庐陵做知县时，有个叫朱道通的朋友也做知县，他给王阳明的信中从实讲道：我也在致良知，在"事上练"，但是，诸事繁杂，日夜劳顿，每觉精神疲惫，不能自已。而且按你所说，每件事还要总结，还要静坐反思，然后才能升华，这样的人精力怎么能够呢？这位老兄确实是实话实说，这些话在今天的人，尤其是职场众人听来恐怕深有同感。人在红尘中，受环境影响，各种情绪，各种欲望，渐渐就失控了，状如《尚书》所言之，"人心惟危"，继而"道心惟微"！怎么办呢？只有"惟精惟一，允执厥中"，这是王阳明教给我们大家的："盖因吾辈平日为事物分拿，未知为己，欲以此（静坐）补小学收放心一段工夫耳。"小学生的时候老师对放假回来、下课打闹回来的孩子们都会说一句，"把心收一收"，语气平凡，道理深刻。人生何尝不是时时刻刻处于"收放心"的过程中呢，只有能收回放纵之心，才能收住自己的意乱情迷、心猿意马，成为有自持力的人，才能够成就大业。

说来人生在世，诱惑很多，佛教所谓"色声香味触法"，哪个不是诱惑呢？尤其是金钱美色，那些在职场叱咤风云过的干将良才最后终因贪腐而锒铛入狱，都是不能抵御诱惑。所以，习近平总书记要求共产党员和领导干部，要解决"总开关"问题，要解决共产党人自己的定位问题，解决价值判断问题，解决心之放逸的问题，培养坚定的意志，在意志的力量下，抵御一切诱惑，这是一个艰难高尚的追求。正如儒家强调的"惟精惟一"。"一"是什么？一就是高尚精神追求，就是理想信念，就是精神支柱，要用远大理想做精神之盾，排扰，收心，持定。佛教禅宗名僧神秀的四句偈语可资借鉴："身是菩提树，心如明镜台，时时勤拂拭，莫使惹尘埃。"也就是要在抵御诱惑和纷扰中"致良知"，要给自己不致偏离人生的大方向。

王阳明后来在回答友人问询何以气定神闲，处理日常政务不费吹灰之力时又说："事物之来，但尽吾心之良知以应之。"这是说，若天天"惟精惟一"，自会进入一种控放自如的状态，多少繁杂的事务，也就在顷刻间如行云流水般按照内心笃定的标准和尺度一一化解处置了，这就进入了化境，所谓"下意识"就是这个意思。也恰如禅宗六祖慧能达到的境界："本来无一物，何处惹尘埃。"古代文学评论巨著《文心雕龙》评价优秀文章遣词造句，谋篇布局已入化境，就如同"羚羊挂角，无迹可寻"，似有踪迹，但如巧夺天工，不落痕迹，是对文章最高境界的评价。万事同理，真正以笃定的良知作为内心主宰，凡事迎刃而解，我自岿然不动，似乎已不必刻意而为了。

谁决定了你的能——写给人群中不出众的你

山高人为峰

我们很难像山一样巍然耸立，但这就是目标

达到这个境界内心已坚如磐石了。王阳明弟子就这样评价王阳明之内心，"内心坚定，如山峦峻峰""实乃正人君子和男儿大丈夫真应模仿的"。当时的情况是，王阳明奉命去江西巡抚南、赣、汀、漳四州，好友王思舆就给他的学生季本说，"阳明此行，必立事功"。季本问为什么，王思舆说"吾触之不动也"。电影《少林寺》风靡全国,是由李连杰出演的第一部在人们心目中留下深刻印象的影片,其中有一个细节令许多人怦然心动。当李连杰饰演的和尚觉远决定正式入寺为僧全心礼佛时,主持方丈问道,落发之五戒中,色戒,如今能持否?这个时候觉远偷偷看了一眼近在咫尺的牧羊女白无瑕,犹豫片刻,毅然说:"能持。"真实反映出人作为有七情六欲的高级动物,收放入定并不是一件容易的事,尤其是一些性格本态中善变因素较多的人。所以我说,要练自持力。

王阳明认为人在内心的光明程度上是有区别的:"良知本来自明,气质不美者,渣滓多。障蔽厚,不易开明;质美者,渣滓原少,无多障蔽,略加致知之功,此良知便自莹彻。"[1]我的看法是,"障蔽"多的人就是如"变色龙"一样没有根基而多变的人。善变的人都是内心不能持重持"一"的人,这个"变",有很多,变心,变节,变化;表态变了,看法变了,做法变了,选择变了,中途变了……一般概括起来的外在表现形式有,处世莫衷一是,做事虎头蛇尾,逢利见异思迁,交友前倨后恭,等等,都是其内心飘忽不定的外显。仔细分析,这与其成长经历抑或原生家庭带来的影响有关,反映出的是强化了

---

[1] 王阳明:《传习录·答陆原静书(二)》,中国华侨出版社,2014年1月第一版,第308页。

的、执着的人类趋利避害的本能追求，永远在追求利益最大化。这样的人其实并不少见，对他来说，真正"致良知"会有反复和滑落，出现持"道"不坚、逐"一"不纯的问题。更不用说有收放自如的本领，更不用说有坚如磐石之心了。我说不多见，我们可以检索一下，我们有多少人从一开始就内心与做事都稳定而坚定呢，又有多少人可以坚持不放呢？

这就意味着我们"致良知"要下更多更深的功夫，我们觉醒并愿意提高，开始有意识把持内心，练习收放功夫，有缘识得精要，比别人下更大功夫，学更多经典，悟更多道理，更刻苦克己，努力收放，寻道入定，虽天资不好，也能成就一番事业。

再次强调必须"能持""自持"。每天、每时、每刻、每事都要"持"住，佛教《金刚经》中描绘有些学理不深者"或有人闻，心即狂乱，狐疑不信"，是我们需要防止的。任尔东西南北风，我自持之以恒，专心致志，以求升"境"。不因小胜而狂喜，不因失败而气馁，不因挫折而沮丧，不因时长而倦怠，不因疲惫而放弃，不因得意而轻狂，不因优越而倨傲，以平常心的坚持，以静如止水的坚持，练就如山峦一样坚定的强大内心。

自持力，还表现在对自己情绪的控制上。许多时刻，我们都要承担情绪化带来的恶果。这里讲一个生活中的事例。A是一个单位的中层领导，单位里有一个年轻同事，与他相处甚好，因为他本人技术优秀，才能出众，在单位受人肯定，并有上升趋势。那个年轻同志，喜欢与A接触，并因志同道合情趣相投而经常来往。有一次单位搞演出，由A负责，因为年轻的同志有这方面的特长，就帮A积极张罗那个文艺演出，但在演出过程中，因年轻同志负责组织的一个演员不能到场，节目临时调整，由此节目变得稀松拖拉，并且衔接也有问题，单位的主要领导面有愠色，A瞥见后十分气恼，觉得失去了在领导面前表现的重要机会，冲到后台，对那个年轻同事大发雷霆，使对方下不了台。事后，A也很后悔，但苦于没有化解的机缘，他那个年轻的同事许久没有和他再来往。终于有一天，因为业务工作他们又在一起，之后在共同就餐的时候，那个年轻的同志喝了几杯酒，告诉A说，因为你使我出现了那样的尴尬场面，你在我心目中一下子改变了形象，地位一落千丈，我当时想，你这个人成不了大事，以后你做什么，我都不会支持你了。A听完此言，当即面红耳赤，觉得无地自容，他很快联想到自己经常火冒三丈，对下属恶语相加，与此同时，他感觉到与同事间若即若离，始终无法亲密起来的关系，联想到坊间关于对自己有些不高的评价，他恍然大悟，举杯酬谢这个敢于当面坦言的小兄弟，感谢他在人生道路上给予自己的重要批评。

情绪失控带来的困境，身边人看得最清楚

这个中层领导最终属于职场的平庸者。因为事件的处理其延伸意义以及背后的东西不仅是情绪失控的问题，且事关心胸、担当等至关重要的品质。还有一个"术"不够的问题，还有一个不会"王"的问题。仅从术的角度讲，他还没有参透成功必须有强大的群众基础,他不知道如何团结人、呵护人、凝聚人,缺乏认识和与之匹配的手段,即便有远大抱负,立有大志,然无"技术",然无作"王"者之术,无克事之功,自有短板,自然不会有大的成果,后来的事实也证明了这一点。

由于情绪控制不当引发恶果还有一个意味深长的故事,在这里不妨复述一下,很多人也听过这个故事。在美国,一个颇有成就的商人,从纽约起飞到休斯顿,在办理登机手续时,值机柜台那个小伙子一不小心,在系旅行牌的时候把商人要托运的箱子碰倒了,联想到箱子里面有玻璃器皿,商人顿时火冒三丈,并且破口大骂,直斥小伙子职业道德欠佳,缺乏训练。小伙子面有怒色,但也平静地重新打了旅行牌,重新小心翼翼系好,办完了手续,让客人去安检了。柜台其他值机人员为小伙子抱不平,对这种轻狂的人嗤之以鼻,同时问小伙子:你为什么不反驳他呢?他对你那么凶狠。小伙子淡定地说:哦,员工手册有要求啊,而且他也受到了惩罚,恐怕他要到洛杉矶去取行李了。其他人一听,心领神会地笑了,虽然小伙子没有当面反驳,但他把这个客人的行李故意送到了非目的地的地方,用自己的方式实施了报复。显然,这是以恶制恶,为工作纪律所不允许,但人们并没有过多地责怪他,因为人们都讨厌没有教养、得理不饶人、毫不顾忌别人感受和脸面的人。

我们不支持这种睚眦必报、暗中损人的办法；但我们更不支持这位商人口无遮拦、恶语相向，其结果，休斯顿与洛杉矶之间的时空错位是个形象的比拟，失控的情绪会使你的努力和你的目标相去甚远，是生活的真实写照，要切实加以控制！坏情绪，就像一股失控的飓风，把你珍视的亲情、友情、爱情、成就、声名，甚至生命席卷而去，问题的悲剧性在于，这些后果难以挽回。

湖畔大学教授梁宁说："如果把人想象成一部手机，人的情绪是底层的操作系统，他的能力只是上面一个个的App。"情绪操作系统主要包括愉悦、痛苦、恐惧，最关键是控制机制。

很多人没有意识到，坏情绪还有更大的破坏力，它会不断地削弱你内心的力量。如果让情绪控制了你的大脑，那你就可能会丧失清醒的思考力、判断力、意志力，以及解决问题的能力。心理咨询中常常发现，容易情绪失控的人很多都有脾气暴躁、攻击性强、过度自负并短时间内手足无措甚至智商呈现急剧下降等一系列问题。

林则徐给自己的卧室挂的座右铭是"制怒"，对别人的考验也重在情绪控制能力。沈葆桢是林则徐的女婿，据说林则徐曾让沈葆桢彻夜抄写一篇加急公文。为了试试沈葆桢的耐性，林则徐故意把沈葆桢誊了三四个小时的公文扔在一边，找借口让他重抄。尽管公文再有三四个小时就要发出，沈葆桢也已经十分辛苦，但是沈本人丝毫不急、不乱，也不觉得委屈，默默地掌灯重写。沈葆桢写好后把文件呈给林则徐再看。林则徐大悦：墨迹丝毫不乱，字迹清秀比第一次犹有过之，若此宠辱不惊，未来必成大器。有此考察，林则徐大为欣赏，二人成为忘年之交，日后还结成翁婿之缘。所以，我们要不断告诫自己，越是忙、急、累、委屈，就越容易出错，这个时候就要慢慢来，控制好自己的情绪，把持住自己。这种时刻，是对一个有志者的考验，能通过，你就是一个强者。

（三）三练应事力

这是一个关键的环节，我们说人被身体所限，或许矮小，或许羸弱，能力貌似不济，但在处理事务上不同凡响，这样的"能人"也是有的，可惜不是人人都能这样，但我们要做这样的"能"人。人际社会生活中，人的"能"主要表现在事上，表现在处理事物的举措办法、成果成效上，每一次细小的处理都是一个人社会能力的体现，深究后，都是人综合能力和情商智商的产物，每次完美的处理都是人生成就的微小积累和行进过程，最终会积细土以成高山。我们必须遵循阳明先生所说的要在"事上练",练功夫,练技法,提水平。

　　要练应事能力。我实在找不出一个合适的词,只好制造了"应事"一词,什么意思?就是要拥有面对和恰当处理一切事务,尤其是紧急事务的能力。这种能力需要逐渐培养,是在"事"上练出来的。当然,也有家教传承,从前许多官宦人家的子弟,从小耳濡目染,人情世故烂熟于心,有的年纪轻轻就掌握了人情练达之术(纨绔子弟不在此列)。但当前对大部分普通人家的孩子来说,父母拼力将其供到大学,供到进入职场,就已经竭尽全力了,基本上在"事上"功夫所授不多,若想在职场上有所作为,就要自己在一件事一件事上"练"。我建议大家从以下三个方面练就超众能力。

　　首先练"面事"的能力。练的目标就是勇毅、担当。这是个胆略问题,说浅一点是个胆量问题。但凡做大事者,每逢事端必不惧,不发怵,不退缩,敢于面对。这个本领是要练的,尤其是许多天性不足的人,如性格怯懦者,如娇生惯养者,一定要刻意修炼,提醒自己在事情降临、来临之际,不能躲,不要躲,不能怕,不要怕,训练自己临事不惧、临危不乱、临险不退的本领,哪怕不是自己分内之事,只要发生在自己面前的,都要屏住一口气直接面对。倘能如此,你便能赢得周围人的认可。

其次练"临事"的能力。所谓临事，就是瞬间决策能力，哪怕是不完美的，也要训练自己在突发事件面前立刻作出决策。这是对人综合素质的考量，大部分人在突发和紧急事件面前惊慌失措，孔夫子所称道的"泰山崩于前而不惊"，可不是一般人就能做到的，所以要练就相关本领。平时要多积累、多读书、多学习、多汲取、多记忆，增强各类知识储备，多向有胆识的人学习，利用好每个学习和训练的机会，甚或可以想想若发生类似事件我怎么办，可以设计场景虚拟决策过程，看看效果，可以准备一些预案进行预设置和安排，到事件发生或者说天赐良机时予以展现，作出决断，哪怕模仿他人也无妨，只要结果是好的即可。

人类对头领的选择从原始社会开始就是选择本领大的，能够应对"突然袭击"的。一次次处理了危机，也就经受了考验，自然能当大头领，直到今天，人们的选择也是暗含这种要求的。我相信，练好自己的"临事"能力，你前进的步伐，也就会更快。

在中外的社会伦理文化构建里，男人被赋予很多期待：他必须有所成就，必须是家里的经济支撑，必须足够"上进"或"有野心"，必须时刻显现出让人依赖的"可靠"模样，甚至不被容许不合时宜释放自己无力的感受，表现出脆弱。

同时，我们还要注意培养自己重要的人格品质，就是"三坚"，即坚信、坚定、坚决。首先要坚信，你要坚信自己的人生理想，自己的人生观、世界观、价值观是对的，同时要坚信你在这件事、这个人、这个关口的判断是正确的，坚定你的认识和意念，坚定地向世界表达你的看法，坚定你的价值理念和是非判断。坚持在当时条件下坚决地执行。这个素质你必须拥有和培养，即坚信、坚定、坚决"三坚"一脉相承的习惯和能力。

从哲学的意义上说，世界本身是不完美的，任何决定都是偏颇的，不可能是完美的，不可能面面俱到，照顾事情的大方向，也就能照顾大多数层面（人群）。如果你认知不深，没有这个哲学思维，一味追求完美，必然是瞻前顾后，畏首畏尾，贻误战机；必然因为贪求完美，没有科学认知而无所作为。作不了一个决定，就控制不了一个局面，控制不了一个局面就谈不上树立一个权威。树不了一个权威就谈不上统驭一方。明白了这个道理，你就知道所谓"永执厥中"在为人处事层面是一个伪命题，是一个永远没有坚定表现和坚强意志从而导致不能挑头担当的伪命题，是一个永远没有独立意志从而导致没有大的作为的下等策略。

第三章 人生的练路

万物由环境塑造，但人的塑造一是天然环境，二是自选环境

当有人支持你的时候，不管是选定一个新方向还是做一件困难的事情都相对容易。然而，真正考验"定力"的是人们不支持你，这才是内心定力、持力、能力的考验。美国西点军校闻名遐迩的"野兽计划""坚毅测试"就是设置环境来发现和考验你的内心力量大小，考验在所有人都不支持你、反对你的时候，你是不是还能始终如一。是不是内心真正强大，就看在没有人支持、没有人陪伴、条件绝对艰苦的情况下依然坚持，没有放弃，直至胜利。

不过，据我观察，这种坚定决定的能力大多是天生的。有的人在作出决定时如果有人反对，立刻发出"狮子吼"音，集聚起全身的力量和你争论辩驳，不管不顾要陈述自己的理由，绝对坚持自己的意见，不达目的誓不罢休；有的人稍有不同意见就对自我产生怀疑，听到不同反应就对自己的判断不再坚定，自忖是不是过于草率，是不是对情况了解得不明，是不是大家都不同意……这种性格差异可能会导致截然不同的人生轨迹，如果，我们有机会记录一下他们后来各自的生活轨迹，他们最后各自发展的结果必然大相径庭。能坚持者独当一面，走向胜利，实现自我。性格狐疑者曲折退让，不能长足发展，成为行业领军人物或人群领袖的可能性不大。这话刺激而尖锐，不过，它是事实。诸位可以看看你周围的人，验证我的说法对不对。然则，这也没有什么可责备的，这或许就是你的身体给不了力，或许就是天生带来的羁绊，这就需要我们花更多功夫练就内心。

美国现代心理学家戴维·霍金斯（David Hawkins）博士还提出人的意念有"力量"说，他跟踪了许多癌症病人，后来发现，凡坚定信念并且具有积极信念的人，病症都出现了减轻甚至好转。有关介绍意念力量的文章还有很多,从机理上说,这与心理学领域早已获得公认的"吸引力法则"是一脉相承的,也就是,如果你相信什么,那么就会吸引到什么。霍金斯教授认为人的意念,尤其是积极意念,可以用不同数字来标注不同量级,数值越高,正面效益越好,给人带来的益处越大。我认为,事实上,我们很难在实践中去衡量这些数据的对应性,因为人难能秉持一个信念而终,意念数字经常是变化的。所以,如果完全以此为标准并作为判断的依据未必妥当,但我们确实应该认识到,信念坚定对一个人行为的影响,对思维的影响,对灵魂的影响,对个体为人处事的影响是非常巨大的。

信念坚定是对一个人的考验,是人的基础性特征之一。我们应该知晓,并有意识地训练、坚持一个有力度的精神世界,在面对各种疑惑、危机、困难时,显露坚定的品质,行为果断,言语坚决,从而以气场去影响别人,也成就自己。

我们日常所说的"加持",不是你获得了外在的力量,而每每都是你内在力量的唤醒,或者说,是你拥有内在力量后才有力量。我们常迷信于某位老师或师父的"能量",但你所感受到的老师或师父的能量本质是什么?——是你自己信念的力量!我们所感受到的能量,事实上是我们自己内在的力量。只有相信老师或师父有某种能量的人才会有能量,而不信的人什么感受也没有。因为他们没有意识到自己的力量，从而不接受外界的唤醒。

我们观察拳击场，拳击赛场上两个选手，前来挑战的体能稍逊者，经常是主动进攻的一方，有把握者则常常岿然不动，为什么呢？因为主动进攻者多半心里没底，忐忑不安，用形体活动来抑制不安的情绪。在初期，挑战者肯定比被挑战者少些定力，因为在正式交手和比赛结果出来之前，他并不太能够很坚定地相信"我能够战胜对手"，战胜之后，就不存在这种情况了。但在事前，我们会发现，如果挑战者拥有了坚定的信念，拥有"我一定能打败他"的信念，常常他还真的就成就了自己，还真打败了对手。这就是在身体条件并不悬殊的情况下，坚定的信念给予挑战者巨大的力量。所以，坚持和坚决乃至坚定很重要。

临事能力强突出的外在表现是"定"，"定"才"持"，"持"则"积"，"积"则"赢"。这很"虐心"，有时会很难，经常会败下阵来。但我认为，这是人"自修"的重要方面，也是人"练"的重要方面，它与人的惰性相对，与人趋同守旧的习性相对，与人趋利避害的本性相对，状如登山，十分吃力。然而，能时时刻刻都坚定自己的认识，坚定自己的信念，你面对事务的决策能力会很强。

最后练"处事"的能力。不是每件事都是突如其来的,人生大部分岁月是在处理琐事和按部就班中度过的。很多事,始于微末,成于日久,在这样的状况下,就考验我们的初心、持久心、德心,考验我们的认知能力、拓展能力、创新能力、互动能力、领导能力等。

当代许多研究职场学问的人,结合王阳明学说的思想,提出了"工作即修行"的理念,如日本著名社会学者企业家稻盛和夫在其著作《思维方式》中指出,人的成功起步于日常生活和工作。他提倡人们把工作视为人生成长的组成部分,他提出的人生方程式是"思维方式+热情+能力",提倡在日常事务开展中,认定你的工作伟大而卓越,要练就博大情怀,练就完美追求,练就熟练技巧,练就成熟内心,也就是依照自己的"工作良知",一件件,一天天在"事上练",由事功积累为世功。我们每个人的成功可能就来自我们每天办公桌前的琐碎和积累,来自我们对每一项工作的处理。

华佗论箭的创始人严介和曾经在一次演讲中指出:从来都是先做事后做人,你事做得成功,人自然就出来了。换句话说,如果你没有成功的事情可以传扬,没有突出的事迹,不把自己做成个人物,谁会搭理你呢?这个说法听起来有些离经叛道,有别于我们惯常认为的"先做人后做事",甚至有些尖刻,但仔细玩味，此言并不是毫无现实依据，相反，倒是我们在职场前进成功的现实。现实社会正是这样，如果你做的事，或者说你已经做到的事，没有人瞩目，或者说没有做成功，那怎样体现你这个人或者怎样展现你这个人与众不同或者出类拔萃呢？所以，事功很重要，事功成就世功。每一天微小的胜利谱写伟大的人生，处理好每一件小事是能力，是本领，是普通人由普通凸显优异的必由之路。这就是"外王"啊！

当然，严介和先生之言如果更完美的话，那就应该加一个前提：人生事功要有统领，就是必须遵循王阳明的"致良知"，以"良知"为统领才行。否则，片面提倡先做事后做人，很可能引起社会混乱，"先污染后治理""杀人如麻立地成佛"等现象就会层出不穷。如果不要良知，先做事后做人的道理成为通行天下之理，那么希特勒也可以被标榜为成功人士，而这显然不行。正道是：任何人任何时候都应该有一颗内在"圣心"指引方向，并以此为前提来完成自我实现。

在有"统领"的前提下，你要处理每天的事务，你通过每天的事务来使自己进步，你需要在事务中提高自己的处事能力，取得正道上的成功，取得突出表现，让大家看到你！这是你的处事能力，是你的人生任务。前文也说过，成功才证明"内圣"之功效，"内圣"之强大，才证明你个人的人生意义和你定义的人生追求是超乎他人的,是有意义的。若事上不成功,"圣"意何以体现,何人相信?恐怕你自己都不相信了。当下,有人这样评价互联网领域的现实状况,就是:"成功了,什么狗屁都是战略;失败了,什么战略都是狗屁。"语言很粗俗,但道理自在其中。活生生的现实说明,何人会被誉为"成功人士",当然是在事上看见效果,像一段时间里人们羡慕的马云,一段时间里你周围街谈巷议的"能人"。

我们大部分人是在职场中度过自己人生的大部分时间的,考验我们的大部分是日常功课,是处事能力,是忍耐能力。在这个"工作即修行"的意义下,无论你有多么高大上的人生追求都请你从做好每一天的工作作为开始,换句话说,远大理想如果没有其他实现途径,那就把工作看成最好的路径,义无反顾地去做好它。要把你深刻的人生情怀变成对客户的服务,变成对工作难题的攻克,把你对全人类的大爱之情化作对工作的热爱和对每一个工作伙伴的和蔼。有了这样的情操,你一定会赢得事功,而对我们普通人而言,有了事功,就"知名"了,知名就意味着成功。

道是伟大的，但一定要有途径落实到凡人的生活中

我说得这么恳切，这么肯定，这么容易，其实这是一件很艰难的事，谁又能天天坚持，谁又能无怨无悔？有多少人做着做着就没做了呢？有多少人被岁月磨平了远大的理想？所以，我说它是一种能力，需要练！"处事"的能力，就是一种有意识地视工作为修行的能力。你的高尚追求要落在平常的岁月里，每天在单位认真工作，一事一事地磨炼，层层升华，提升你的心性，由量变到质变，最后争取完成人生的大成功和大完美，完成"致良知"的追求。这对我们每个人都是硬功夫，既

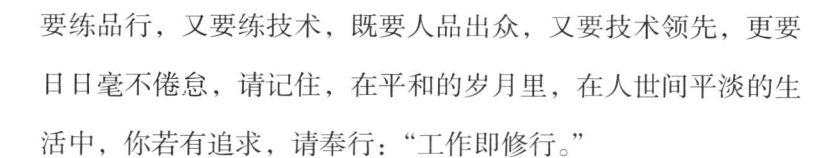

要练品行，又要练技术，既要人品出众，又要技术领先，更要日日毫不倦怠，请记住，在平和的岁月里，在人世间平淡的生活中，你若有追求，请奉行："工作即修行。"

四、四个好

（一）要有好身体

我们来说"四好"，第一，要有好的身体，没有就去练。不要试图以羸弱之躯去争取宏大事业。美国记者作家在描述朱德总司令时是这样写的，"他很结实，胳膊和双腿像铁打的一样……似乎不知疲倦，晚上非到十一二点不睡，早晨总是五六点钟起床"。无独有偶，他在描绘彭德怀将军时几乎用了同样的文字，"他的动作和说话都很敏捷……他像兔子一般蹿了出去……他精力过人，每天晚上平均只睡四五个小时"。

很多在民族斗争和解放战争中的先行者，都有着强健的体魄和良好的身体条件，这其中斗志昂扬的革命意志，帮了身体很大的忙，但毕竟还得有身体的基本条件。我们国家的缔造者大都经历过长征，从毛泽东主席到普通的红军战士，从他们的历经的艰难困苦中，我们应该知道，干大事者需要怎样的体格。前面曾提到，网络曝光的一些商业巨子的日程表，反映了和平年代做风云人物的体力体能要求。有一句话最早出现在作家二月河写的《雍正皇帝》中，雍正曾说过，能干的大臣往往不干净，谨小慎微的又常常不能担当重任。后来人们依托此意总结出来两句话"有大能者，必有大欲"。这话也可以这么理解：有大欲者，必有大能，因为，事实上，一个身体有着强烈欲望的人，一定有着超乎别人的能量，一定有着超乎别人的能力，这个，我们仔细观察，就会得到印证。

前面做了一些论证，好像体"量"决定人"能"，所以，在这里更加强调的是，如果你天生体量偏小，那就要加紧锻炼，努力拓展自己的身体力量，努力打造优良的体格，努力寻求自己身体机体功能的最大化，努力弥补先天的短板，求得自己综合能力的超群和出众。

（二）要有好心意

第二，要有好心意。有好心意的目标是在任何状态下都存有善心。这其实就是在说做人了，我认为最起码你要要求自己做个好人。《易经·系辞》中写道："天地之大德曰生。"天地最大的道德是什么？是生！给予每一个人生长、发展的道路和机会。那么人若愿意与天地同道，遵循自然规律，达到天地人

第三章 人生的练路

三者合一的境界,首先应该与"天地合其德",具体到生活中,我们在有能力的前提下要给予他人帮助,要有扶助他人的心愿和意识,这就是善心。这就是我们一再提及的"良知"。尤其要注意的是,我们在日常生活中不要"因善小而不为",要有"微良知",要做"微公益"。

由于认知以及方法的欠缺,不知什么时候,人的劣性就会被激发

这里必然会出现这样一个值得讨论的问题，人既为天地之生物，是不是天赋善意，本性善良呢？此事争论千年，也莫衷一是，甚至形成了孟子人之初"性本善"，或荀子"性本恶"的两大学术派别，也拥有各自的追随者。王阳明是"心为本性""本性光明"观点的坚定持有者。本人认为，善恶之分，不能概而论之，一些善良天性无论在动物身上还是人身上都是普遍存在的，如同情悲悯、亲善后代等。但人都有自身的局限，不可能与善的法则完全契合，从这个角度来看，善是需要后天培养的。尤其是对人身上的与生俱来的动物本性的约束与控制，譬如自私、贪婪、懒惰，则需要在社会中通过引领、教育来改正。

善心，尤其是合乎公众、合乎社会法则的善心，不是天生就有的，而是后天立为"知"，去"致"才能获得。发善心和存好心是"致良知"的组成部分，所以，生而为人，你要刻意要求自己，刻意塑造自己，发善心，做好人，在做人上不要有短板，当代社会广大群众在做人上大都心里有杆秤，对自私自利、损人利己者嗤之以鼻，对乐善好施、宽厚仁慈者报以肯定。我们应心有忌惮、严格自律，否则会吃尽苦头，一事无成。王阳明不反对适当的功利与物质追求，他认为："家贫亲老，岂可不求禄仕？求禄仕而不工举业，却是不尽人事而徒责天命，无是理矣。"追求事业，追求财富都不为过，但人要有底线，一定要对得起自己的良心。保持清明的头脑，坚守内心的准则，不是自己的东西不要动歪脑筋。而且"良知只在声色货利上用功，（倘）能致得良知，精精明明毫发无蔽，则声色货利之交，无非天则流行矣"。[1] 真正坚守得好，持续"致良知"，积累到一定程度，对物质世界的追求也是精神世界的外溢，如行云流水，不逾矩，不过分。行有统摄，一切顺乎"天道"。

我们正常人的心愿大部分是利己不损人的，大都在寻求不损害别人的前提下达到自我实现，这种常态化的进步过程一定是个行善的过程，一个发散善意的过程。因为如果你一路都在"作恶"，就根本无所谓进步了。特别是你如果树立了大理想，一定是利于众生的，因为最大的"良知"就是为人类造福，你人生的最大目标一定是为更多人服务，无论你自知或者不自知，无论你是领袖人物还是小集体头目，因为"心"为光明所在，本性良善使然。也因为工作本身就是向外提供服务的，"工作"二字本就是合作做工，它区别于耕作，是社会化大生产后产生的词汇，区别于小农经济，是社会化大生产一个环节

---

[1] 王阳明：《传习录·黄以方录》，中国华侨出版社，2014年1月第一版，第414页。

的描述。一个"工作"做好了才有利于下一个,"工作"本身就是在为他人,为其他岗位或者事项做铺垫,故而合作之心,为他人考虑的心要有。所以都市里、单位里我们努力向上,辛勤工作,追求卓越,就是在释放善意,就是良知落地,就是你开始有好心意的体现。这也是"工作即修行"的另一层含义。中纪委网站推荐的树立好家风传统书目里的《了凡四训》一书值得一读,它对"善"给我们生活带来的变化说得很透。了凡先生自己的家庭生活非常和美,一直考虑如何惠及他人。他自忖没有刻意去帮助别人,只是在县令岗位上勤勉工作、公正处事而已,问之他的老师云谷禅师,禅师回答"你在县令岗位爱民护民就是最大的善事啊"。了凡先生因而更加坚定了为善处事的信念。我们应该看到,善无高下之分,却有大小之别,若身为县令倾心佑民当为大善,那了凡先生的太太在送给穷人的棉被里装填新棉花,旧棉花留下自用就是小善,但都无一例外收获了回报,所以应该坚定不移地在工作岗位上好好工作,为民办事。积极为善,积极布善,积极利他,不以善小而不为。倘若你还能运用你手中的公权力去帮助更多的人,或者制定策略让更多人受益,那就更值得称许了,有句话说得好"身在朝中好行善"。

我们谈"好心",有一句话是绕不过去的,它就是"好心有好报"。这句话其实是希望冥冥中有一种力量在惩恶扬善!到底有没有?佛教说,有;有些老百姓说,没看到。因为眼前的无以兑现,很多人离开了对佛教的信仰,或干脆觉得其教诲是无稽之谈。其实,对佛教的如此理解是层次不够以及实用主义在作祟,佛教不是法术,更不是有魔法的工具,它是一整套系统世界观,它认为世界是在一种轮回相报的状态下运行,是整体力量平衡的结果和表现,它要求认同现实人世间虚妄的理念,看淡一切世间事务,排除杂念,达到无我、虚空、淡定、平和的状态,从而不再有仇恨和痴迷,剩下平静和善意。大家想,如果真正你的内心剩下平静和善意,那么回报有没有还重要吗?真正皈依了佛教,善心有没有回报已经不重要了,因为有,你也不看重它,或者说,你认为你的身心平静就是回报,所以,有和没有是一样的,这就是佛教!追问回报是仍然在世俗中浮沉的突出表现。佛教同样是塑心之术,是要改变人看待世界的理念。如果你希望它是睚眦必报的法术,那就缘木求鱼了。那么,对我们日常工作的人来说,究竟有没有轮回相报?这本应该不是问题,心向光明,善意自愿,怎么能还执着于等价交换的现世报原则呢!若真想要个答案,还是回头看看自己的内心,关键在于你怎么看,关键在于你的"心",即为"初心"。回归自己的"初心",如《金刚经》所说"如是降伏其心"就对了。人人皆曰"赠人玫瑰,手留余香",只要你善意助人,他人的微笑随时都在回报,它给予个体精神高度奖赏,个体自己能体会到无比愉悦,你说回报有没有?

我们要像父母养护孩子一样养护自己的光明之心

人类若要发展,开创美好生活,我们每个人都应秉持光明之心,追求惠及众生!为社会向前发展做出我们每个人应有的现实贡献。这应该是我们的基本良知。有这个基本良知的人,就是王阳明所说的"障蔽"较少之人，那我们就存好心，将"微良知""微公益"内化于心，外化于行，不论眼下和将来，勿望立竿见影，不图有求皆应，持一片好心，时刻温煦向善。将存好心视为自己的"功课"，从而"致良知"。这好比我们从小学一年级上到高中毕业一样，我们不能因为调整了学校换了老师，就放弃学业；也不能因为成绩不好，或是考试失败，而放弃功课。你是学生，不能因为一次没考好，就对自己的课业和学习方法产生怀疑，进而放弃。你可以修正，但你的目标是毕业，那就在这个过程中持有一颗稳定的求学之心不能变。目标是完成学业，任务是精进，直到登上年级的最高处，真正毕业，才算功德圆满。这个心在学生是"学心"，在你是善心、光明心；在学生叫好好学习，在你叫认真"致良知"。

善心一定是宽广宽容的，所谓"老吾老以及人之老，幼吾幼以及人之幼"；一定是利他的，不能以利益作判断，而应以价值作判断；一定是不计回报的，不能有亲疏远近，厚此薄彼；一定要宽怀待人，无论前路曲折，还是一帆风顺；一定要持之以恒，不能坚持就说明还持之无定；一定是内心欢悦的，如果不从内心而出，勉强而为，连自己都不舒服，怎样释放给其他人呢？一定是增华其身的，善良的人所释放出的气息和气质，一定使他拥有广泛的受众，而这些受众又会反馈强大的精

谁决定了你的能——写给人群中不出众的你

神力量给他，从而增加他的魅力和力量。

《红星照耀中国》的作者埃德加·斯诺的朋友韦尔斯女士以一个外国人的眼光来看朱德和他所处的环境以及作为，她说："他部下的军队，在西藏的冰天雪地当中，经受了整整一个严冬的围困和艰难，除了牦牛肉以外没有别的吃的，而仍能保持万众一心，这必须归因于纯属领导人物的个人魅力，还有那鼓舞部下具有为一个事业英勇牺牲的忠贞不二精神的罕见人品。"❶ 据此，我们就知道，朱德元帅何以成为中国人民解放军和中国人民敬仰的总司令。在革命生涯中，很多人都敬仰和尊重朱德总司令，有一个人的评价最让人意外，这个人就是蒋介石，他曾经说过一句话："朱德这个人，他最大的本事，就是你看不出他的本事来。"作为敌方的首领，对朱德有如此评价，可见朱德在丰富的革命经历中内蕴功力有多么深，善良、平和、无声、润泽，随物赋形，与万物融为一体，仿佛天地之水，老子曰："水利万物而不争。""避高趋下，空虚静默，利泽万物，洗涤群秽，平准高下。"人达到这个境界即为上善，《道德经》中言：上善若水。

最近我在网络上发现有爱心人士提出一百种向外释放善

---

❶ 这句话中的西藏指的是川藏边界，牦牛肉也确为原文记载。

意，向社会表达善良的举动，在这里摘录若干条，希望我们能按照其中的方式去做，向你的周围释放爱心，向你的周围释放温暖，成为一个有善心的人，有爱心的人，有好心的人，你这样做，滋养你自己的生活，使自己每天都生活在"赠人玫瑰，手留余香"的快乐之中。

只要你留心，生活的善良总在流淌

①捡起脚下别人扔的纸片，扔到垃圾箱里去；②向与你擦身而过的人微笑；③扶老人过马路；④在公交车上让座；⑤看到不远处有人在斑马线上过马路，把车停下来；⑥坚持一天不

说一句粗话；⑦把单位会议室坏的座椅顺手修一修，如果你会的话；⑧天色晚了，看到路边摊的老阿婆还有一些香蕉没卖完，把剩下的全部买下来，让她早点回家；⑨遇到问路的人，热心指引；⑩放走飞进你家的小动物；⑪把你的生活工作诀窍与同事分享；⑫给一个孤身在家的亲戚打电话跟他（她）聊天儿；⑬打钱给需要帮助的人，不用多，也不用透露你自己的任何信息；⑭上网时传播正能量；⑮跟别人合作项目时多做一些工作，不要宣扬；⑯赞美每一个在母亲怀中的孩子，说他（她）很可爱；⑰了解施救常识，关键时候用上；⑱清扫宿舍楼梯，不只是自己的这一层；⑲结伴郊游归来，清点相机里拍到的所有人，给他们一一发照片……

我只摘录了其中的一部分，无论是谁组织集合了这些善心善举，这个行动本身就是一个大大的善举，这正是佛教所提倡的"不著相而布施"，功莫大焉，我们都应该谢谢他（她）。有兴趣的同志，可以去网上继续查找，抄录下来，默默去做。我在这里只摘录这些，给大家起一个抛砖引玉的作用。其实生活中的善举还有很多，有些就是举手之劳，有些化于日常生活之无形。有一次，我在街上看到两个年纪比较大的环卫工人趴在街边的长椅上写单位布置的文字作业，大概是清扫规程之类的，其中一个显然文化底子要深厚些，学历高的那个耐心地教着同伴怎么填写，一丝不苟，被帮助的那位大姐笑眯眯地写着，脸上洋溢着快乐，她们二人同框就是一幅幸福满满的画卷。我们生活中可能都有这样热心助人的时刻，它多了，也就成了状态。你可以默默去做，只要是利他的行为，你都可以去做，相信这种利他会成为一种习惯，会有一个良好的反馈，会赢得一个明媚的春天，最终会有一个温煦的环境，出现在你的身边。

（三）要有好心态

第三个"好"是什么，好心态！这一点与前面所说的自持力意思相近，但不一样，自持力是一种自我控制，尤其是对坏情绪的自我控制，带有强烈的控制色彩；而好心态则带有营造和追求的内涵，创造的意味更浓。有句话说，尊重是赢得的，而不是争取的，但好心态却不是赢得的，而是争取的。我们每个人生活在凡事俗境，没有逢凶化吉之功，没有化灾避难之术，没有深厚背景，没有"后台"关照，工作上不如意之事十有八九；若没有祖宗家业，没有财产继承，生意场上也难得风生水起，不如意之事同样十有八九，坏消息经常会进入我们生活，困扰我们心灵。如何在困难的情况下，保持良好的心态，是对我们心智、情操、修为的考验。

谁决定了你的能——写给人群中不出众的你

好的心态好处很多,它可以让我们理智决策,它可以让我们镇定千军,它可以让我们彰显魅力,它可以帮助我们养护身体。艺术家梵·高情绪差极了,他在1888年前后,邀请画家高更来到法国南部一同作画,共享法国南部的阳光,但他们二人都没有良好的心态,脾气上来就像两头公牛,相互冲撞,争吵不休,以至于有一次他们吵完,精神崩溃的梵·高割下了自己的耳朵,……正是这样坏的精神环境,伟大的画家梵·高仅仅活了37岁。

怎样拥有良好的心态呢?

第一,我觉得要立大志,做大事,谋大局。所谓"立意若高远,何心记小节",当一个人有更高的追求时,自然不会蝇营狗苟。中华民族有句耳熟能详的话——志大而气平,有大志向者常常平和。这里同样存在一个价值判断与利益判断问题,如果心中有崇高追求,生活细节之变就不会影响你的心情,反而可以在智慧和平静中化解。

王阳明曾经有四句偈语,有两句是这样说,"无善无恶心之体,有善有恶意之动"[1],对事物有了是与非和对与错的评价,是意动了,它来源于你的意念、尺度、欲望,但你的内心

---

[1] 王阳明:《传习录·钱德洪录》,中国华侨出版社,2014年1月第一版,第404页。

尺度是什么？你认为它的价值大不大？会不会让你动心，会不会让你生气，来源于你内心的认知和判断。所以，"志"，也就是"良知"起关键作用，"志（知）"多大，决定能拂动你心的外力需要多大。"志（知）"大，拂动你心的外力就需要很大，你会经常在"愿乐欲闻"的好心情好心态下镇定状态；如果"志（知）"小，轻易一点外力就拂动你心，自然保持不了好的心态。

"负荆请罪"的故事人人都听说过，蔺相如因为"完璧归赵"有功而被封为上卿，位在廉颇之上。武将廉颇很不服气，扬言要当面羞辱蔺相如。蔺相如得知后，尽量回避、忍让，不与廉颇发生冲突。蔺相如的门客以为他畏惧廉颇，然而蔺相如说："秦国不敢侵略我们赵国，是因为有我和廉将军。我对廉将军容忍、退让，是把国家的危难放在前面，把个人的私仇放在后面啊！"这话被廉颇听到，深受震撼，于是，就有了廉颇"负荆请罪"的故事。

三国时期的蜀国，在诸葛亮去世后由蒋琬主持朝政。他的属下有个叫杨戏的，性格孤僻，讷于言语。蒋琬与他说话，他也是只应不答。有人看不惯，在蒋琬面前嘀咕说："杨戏这人对您如此怠慢，太不像话了！"蒋琬坦然一笑，说："人嘛，都有各自的脾气秉性。让杨戏当面说赞扬我的话，那可不是他的本性；让他当着众人的面说我的不是,他会觉得我下不来台。所以,他只好不作声了。其实,这正是他为人的可贵之处。"蒋琬的用意在于不要因个人礼节问题影响朝廷的团结气氛,当下大敌当前,更应同仇敌忾。后来,有人赞蒋琬"宰相肚里能撑船"。

1981年3月30日,就任总统69天的里根在华盛顿特区参加美国劳工联合会的活动并演讲后,走出饭店大门,被隐藏在记者与人群中的精神病患者欣克利伏击,其中一枚子弹击中他的腋下,距离心脏只有1英寸。里根被紧急送医。当夫人南希赶来探视时,里根的第一句话是:"亲爱的,我忘记躲闪(子弹)了。"不到一个月后,里根坚持在国会发表演讲,开场白是:"最近我收到一名2年级小学生的来信。他说:希望您尽快康复,否则您只能穿着睡衣做演讲了。"里根的这些行为都在向世界展示他的身体状况良好,从而稳定国内国际的局势,化解危机。当然,同时展现了他在危机状态下能拥有一个好的心态。

这些人物,我们学习的是他们的镇定自若,学习他们由镇定而化解突发事件带来干扰的能力,以好的心态处理事务的能力。事局多变而能冷静如一是内心坚如磐石的结果,保持平静是内心能持的表现。有了这样的好心态,你才能调动你的智慧,处事周全。这个本领说来好像也是天生的,希望大家加强训练,尤其是要在"事上练",一回生,二回熟,三回练成功。

第三章 人生的练路

"练"就必须面对非常之人，非常之态

第二，拥有好的心态的另一个要诀是，你要努力去挖掘周围的光明。努力去看到别人身上的好，把人往好处想。发挥意念的力量，使周围没有"恶"之源也是好心态的关键一招。在生活中，我们经常会遇到这样的事，我们与别人约了事，但这个人迟到了，我们等得心焦，脑子里就会出现两个截然不同的判断，一是，他不重视我，把我没当回事，肯定又在忙自己的事；他故意放我鸽子，耍我；他总是迟到，是个不靠谱的人；等等。二是，他可能遇上了不可克服的事，他乘坐的公交车路上遇到了意外，车走不动了；或者，他这时候被领导叫走了，没有办法脱身；等等。如果我们是一个心态良好的人，一定会做后一种想象，从而保持良好心态，继续等待，结果见面的时候，我们的心情是平静而平和的；那一个心态不好的人，就会做前一种想象，就会气急败坏，恶语相向，把一场好好的约会给搅了，甚至，两人的关系就此存不存在都是两可的事。这是不同想象诞生的不同结果，我们愿意选择哪种呢？当然是后者。有些诡异的是，如果你做过统计，会发现你往好处想的时候，结局常常像你想的那样，而你往坏处想的时候，结局也常常会相应吻合。这让人不得不考虑是否真的存在冥冥中感应的力量还是别的什么（这个我们后面还会说）。就目前而言，心理学上大家基本认同的吸引力法则可以解释心念即现实的现象。吸引力法则的基本含义是指思想集中在某一领域的时候，跟这个领域相关的人、事、物，就会被吸引而来，古今中外人们用无数个事实证明它是存在的。若此，我们更应该珍惜珍藏自己的好心情、好情绪、好身体，最好是努力用好的想象，来吸引好的结果，用"金子"来吸引"金子"。

我们继续来说意念和语言对外界的作用。20世纪90年代，日本科学家江本胜写了一本著名的书《水知道答案》，以现实的科学实验证明，水能准确地感知到人的意念的力量，对人的善意做出快乐的反应，反之，对仇视和诅咒的意念做出扭曲和丑陋的反应。最近，网络上有文章讲述阿联酋几个心理学系的学生做了一个实验，他们把两盆长得差不多的盆栽植物放在同一块地方，每天施一样的肥，浇一样的水，晒太阳也是同进同出，但"同树不同命"，他们和言悦色、充满关爱地对待其中一盆盆栽，对待另一盆则恶语相加、充满轻蔑，三十天后，结果就出来了，正如人们所料，被骂的植物枯萎濒死，被爱的植物茁壮成长。眼见的实验是，人向外发布意念时，的确存在一种我们并不知道的力量，这确实需要科学的进步把它具象出来。在前文中我已经说过，人是拥有气场的，一直以来这种观点都在流传，尤其近几年，类似的文章连篇累牍，但似乎缺乏官方的认可。意念从大脑产生，用语言或心念表达，通过什么通道作用于外界，是否通过气场发挥作用，有待科学家进一步研究。

　　心理学的另一个法则，人们称为墨菲法则，也就是黑犀牛现象，也是在说意念力量的反应。它告诉我们，人们担心一个事物，如果有可能向坏处走，那它一定会向坏处走。在生活中这样的例子也是屡见不鲜的，人们常说你想什么，就来什么，甚至有的人说你担心什么，就会发生什么。人们常说这叫第六感，它常常能给人一些预警信号。

了解到这些心理学上的现象，作为好心态的一种争取和营造，我们就知道该怎么做了，我们要有意识强化吸引力法则，发挥正向意念的力量，坚定自己的信念，坚定地相信它一定会成功，那成功也就不远了。要让自己保持好的心态，你有了好的心态就会有好的想象，好的想象常常伴随好的结果。

我们尽量把人把事往好处想，还有一个原因，即防止逆向下滑。心理学的研究表明，焦虑症患者和抑郁症患者，他们的意识会不自觉地寻找周围环境中的不利因素确认、收留并放大，他们将事情往坏处去想，以证明他们的认识是有意义的，以证明他们是正确的，或者说从捕捉到的这些不利方面坚定自己的判断，给自己的判断找依据。这就是心理学的"黑洞效应"，这是为什么呢？因为他们在病程初期，观察到人和事的负面性表现而不被化解和忘却，日积月累终成病态，长期习惯后，意识便具有了非人类主观的主导性，它会自主选择，解读出正常事物中劣性的因素而深信不疑，积淀、沉积并强化原有的负性元素，从而雪上加霜，病态更加严重。这是令科学家以及患者家人都头疼不已的问题，有的病人终身不能解脱。所以我们可千万不能养成日常思维的坏习惯——见忧不见喜，防止心理学的"黑洞"的形成。要训练自己从周围环境和别人身上寻找亮点和光明的习惯，要想象和寻找正能量，进一步形成和强化自己精神世界的"太阳",吸纳正能量,释放正能量。

看久了黑暗,必然渐渐远离光明;看久了光明,觉得黑暗并不存在

习惯养成后,你会感到周围都是好人,都是"圣人",你的情绪就坏不了,你的好心态就保持下来了。提出"人间佛教"的著名僧人星云大师说,人要形成"正念",我理解,一方面,人要有内圣之心,有道德之心,有自己坚定不移的正确认识,这是佛教徒乃至我们社会人群都应该有的;另一方面,看待周围人、事、物也要有"正念",不要看偏、看斜、看歪,"疑邻盗斧",不要纠结于小失误、小瑕疵、小过节,以自己正心"断"他人正心，以自己的良与正"断"他人与我同类，给自己营造一个其乐融融的环境，营造一个正向温暖的环境，让自己有一个好的心态。

我们来看看历史吧。苏东坡在中国历史上几乎是一个完美的人，他才思敏捷，有大量传世的优秀作品并且千古传诵；他勤政爱民，为政有方，深得民心。他面对逆境淡然处之，轻松面对，不但诗词歌赋佳作不断，还热爱生活，快意人生，为今天的人留下了东坡肉这一美味，留下了大啖荔枝的美好向往，实在是个奇绝人才。然而，苏氏家族逸文野史中一则小故事却意味深长。据传，有一次，苏东坡和他的好友佛印大和尚在林中打坐，日移竹影，时辰已久，佛印对苏东坡说："观君坐姿，酷似佛。"苏东坡心中欢喜，看到佛印的袈裟透迤在地，对佛印说："上人坐姿，仿佛牛粪。"佛印和尚微笑而已，苏东坡觉得得了便宜，回去忍不住向妹妹苏小妹大谈特谈，没想到苏小妹却说："兄长，你输了，试想，佛印以佛心看你似佛，而你又是什么心来看佛印呢？"苏轼听完，大彻大悟，深觉自己修行不够，还很浅薄，更着力去修行养心。我们说，你是什么心，别人映照在你心上面就是什么人，苏东坡映照出佛印是牛粪，那自己是什么就一清二楚了。

在我看来，前文已经论述过的心理学确认的投射原理是造物主让人类互相宽容的最深切的"制度设计"。当你讨厌别人的时候,实际上是你自己,是你自己自身不良性格和习性的外化。同理,你是什么样的境界,对别人的评价也就是什么样的境界,是"佛",映照外化就是"佛",是"牛粪",映照外化就是"牛粪"。一切取决于你的内心。内心纯净,天天想别人都是正人君子,天天想着别人的好的人,没有不好的,没有不快乐的。反之,内心的不洁会觉得全世界都是"脏的"。所以,洁净自己的内心,你的心态就是暖暖的,亮亮的,舒服的。

第三,好的心态还有一个路径是解决问题,解决掉内心的烦恼。中国的几位心理学家曾对人际关系和社会关系中人们习惯常用的应对方式,进行过一次深入研究,并由此分析出这些应对方式对社会人群心智成长的潜在影响。他们把这些由于处理方式的不同而带给人不同影响的数据进行了归纳总结,并从中找出一些规律,编制了中国版的《应对方式问卷》精神分析量表,英文简称CSQ。通过填答问卷和统计学计算,总结出一个人日常采取应对方式的主要选项,以及由于这种选项给个体精神带来的影响。

他们分析出,中国人一般应对际遇存在六种常用的方式,它们是:解决问题,自责,求助,幻想,退避,合理化。每个个体应对方式的使用一般都在一种以上，有的人甚至在同一事件中使用多种应对方式，即六种方式在个体身上有不同的组合形式，这些不同的组合形式代表了人的心智和性格特征成熟程度。每个人的应对行为类型都具有倾向性，这种倾向性就是我们日常能看到的应对模式，无疑，我们希望人人都拥有成熟的应对模式。

现实中人们常见的三种应对模式有：一是解决问题+求助。这是成熟型，即个体在面临情况时常能采取"解决问题"和"求助"等比较冷静笃定的应对方式，而较少或几乎不采用"退避""自责"和"幻想"等不成熟的应对方式，这类人表现出一种成熟稳定的人格特征，并且一直能保持比较良好的心态。二是退避+自责。这是不成熟型。这类人在生活中常以"退避""自责"和"幻想"等应对方式来应对困难和挫折，而不太能够使用"解决问题""合理化"等比较积极的应对方式，这样势必导致其情绪和行为缺乏稳定性，更易外感，受到他人和周围环境影响，常常没有好心情，好心态，偶尔有也会被小事情破坏，长此以往，甚至可能导致形成神经症人格特点。三是合理化。合理化是一种混合型，"合理化"所表现出来的一些行为因子迹象与"解决问题""求助"等成熟应对行为因子呈正相关；而与"退避""幻想"等不成熟的应对行为因子也呈正相关。反映出这类人飘忽不定的人格特点，它集成熟与不成熟于一体，经常呈现前后不一、应对不一、相互矛盾的心态和两面性的日常表现。

保持好心态，自然更易在人际关系中游刃有余

生活中我们许多人的处理方式是上述合理化模式，也就是混合型的模式，对身边事物不能一以贯之地笃定而淡然，多半"时好时坏"，小事则可，大事急躁。大家都是凡夫俗子，这样表现其实完全正常。所以我说好心态是创造出来的。我们迎着每天的朝阳而起身，投入纷繁复杂的日常生活，你不可能一帆风顺，那就要加强内心定力的修养和训练，努力地去苦存乐，笑口常开，慢慢养成自己永远立足于"解决问题"的良好习惯，努力学习，努力提升，释放排解掉俗事烦忧苦恼，在日常生活中历经磨炼，去形成勇毅而笃行的性格。

好的心态是广受欢迎的，人们现在对一个人给予较高评价的高频率词是"人家心态真好"。"心态好"，这是调整好自己的情绪，或者说拥有好心态之后，在社会环境中赢得好人缘的基础。好心态会带给你一个好身体，发怒和与之相伴随的肾上腺素的分泌对身体会造成伤害，我们没有必要自己伤害自己，尤其是天生不够健壮体量偏小的伙伴们，已经能量不足，若再经常郁闷、气恼、焦虑、烦躁，导致气滞血凝，胆汁受阻，怒填心胸，五脏受损，就会更加"雪上加霜"。我们拥有的应对方式也遵循吸引力法则，你应对得好，不好的东西也渐渐离你远去。所以，为了自己美好的未来，你要刻意塑造自己内心的淡然，你要刻意训练好的应对方式，刻意把应对方式进行好的组合，每天迎来一个快乐的开始，每天拥有良好的心态。

（四）要有好家庭

第四个好是什么，好家庭！家庭太重要了，人生要有作为，必然有也必须有好的家庭。

家是什么，"家"是会意字，甲骨文字形，上面是宝盖头，读作"宀"，表示与房屋有关；下面是"豕"，读作"史"，即野猪。在古代，野猪是比老虎、熊都厉害的动物，是非常难得的祭品，最隆重的祭祀就是用野猪来祭祀，所以家是举办隆重仪式的地方。试想，没有一个好家，没有一个好的祭神拜祖的地方，这个家还是家吗？这个人相应的能好吗？所以，有个好家，对人太重要了，对人生也太重要了，古今中外，无论男女，概莫能外。

我们继续延伸这个意义，古人还有许多关于家的说法，《四书章句集注》里说"有夫有妇，然后为家"，是对家最朴素的描述，它又说"室为夫妇所居，家谓一门之内"，人们通常会将两个字合用，名为家室。孟子曰："丈夫生而愿为之有室，女子生而愿为之有家。"❶ "室"与"家"一字之差，说明男女在"家"的理解上还略有区别。

从最远古的"家"的意义上讲，家庭的团结很重要，因为不团结，哪里会有力量打到"豕"这样的野兽呢？这个意义发之远古，确定还要流传千年，为何？团结乃是"家"全部优秀

---

❶ 《孟子·滕文公下》，商务印书馆，2017年10月第一版，第118页.

品质的总概括。伦理有序，目标一致，约束有力，管理有方，才会出现团结。没有好的品行，没有好的伦理秩序，没有好的理想信念，怎么会团结呢？团结能凝聚智慧，团结能集聚力量，无论在古代还是今天都是这样，现在当领导的人都流行一句话：团结出力量，团结出干部。

那么，我们说"好家"的标准究竟是什么？有没有标准？除了团结，还有什么标准？正像人们所说的，"千万个人的心目中就有千万个林黛玉"一样，好家的标准，很难说有统一标准，但俄国大文豪托尔斯泰先生说得很好：幸福的家庭，个个相似，不幸的家庭，大有不同。我们据此可以这样认识，好家，一定是有一些社会公认的标准的，所以可以"个个相似"。我们信手就可以列举出很多，比如，夫妻和谐，子女孝顺，邻里和睦，亲情和顺……这些目标应该是大家都认可的，也可以说是人人向往的，可以说这就是标准。但怎么实现呢？怎样使"家"成为你事业的港湾和加油站呢？帮助你（如果你先天条件不足的话就更需要了）在事业上顺利前行，努力向上，取得硕果呢？我说，它仍然是"心"学的一部分。因为从来没有天造地设的好家，都是自己修炼出来的，都是一步步"事上练"出来的，都是一步步在些许的胜利和总结中，在细枝末节的研磨，在风风雨雨的修为中走出来的。

1. 要造化好

"造化好"这话有些唯心主义，但在婚姻问题上，人们冥冥之中被神秘力量牵引的感觉要比其他事物强烈得多，很多人的姻缘，在白头时回首，都不免感叹，一切都是命定的。在这方面，有多少阴差阳错，有多少失之交臂，有多少遗憾终生，有多少悲欢离合，有多少天作之合，有多少传奇故事，有多少小说电影戏剧在表现，有多少世人在歌颂，又有多少善良的人们在掬一捧伤心之泪，这里就不细说了。总体而言，婚姻的成功带有强大的偶然性和或然率。但一般讲共同点还是存在的，强调"偶然"似乎又是不对的。其实人与人之间的选择，价值取向、外貌、家庭背景等都是人内心潜藏的尺码和标准，婚后发现一些价值观念实际上非常相似也是常见的事，也许婚前觉得它是偶然的，婚后你会觉得它是必然的。说穿了，双方有着潜在的共同点才会"对"上"象"，这个应该说大家都认可。

既然有此共识，那么，婚姻的关键在于自己所拥有的基础条件，这应该是大家想一想就能明白的事。我们现在来分析，你要有良好的基础，你有基础，才能接触到有良好基础的伴侣，这就是"门当户对"；你首先要优秀，优秀来源于家庭门风，来源于家学素养，来自个人品德，来自见识水平……无论来自哪一方面，都是你的良好基础，你有更高概率遇见好人，结成佳偶，这里仍然奉行吸引力法则，你是什么样的人，就会吸引到什么样的人。你好，你才有可能吸引到好的伴侣。我们在这里重点说一下男士，作为男人，抱得美人归还要有其他条件，诸如，你要有定力，不能见异思迁，不能一战即溃，不能遇阻即逃，要坚守你的信心和追求，才能赢得最终的胜利。如何赢得女人芳心的书籍，可以装满整座图书馆，你可以择而从之，然后去实践。但良好基础是根本，是前提。

婚姻成功的关键在于价值观的匹配

一个家庭中，女性是十分重要的。近年来，随着亲子教育的普及，有关母亲角色的研究越来越多，从国外引进的材料和出版的书籍来看，由国内的业内人士进行研究和实践的总结来看，确实母亲在孩子成长历程中发挥十分重要的作用。法国心理学家写的《百分之百温尼科特》，谈到了在婴幼儿时代，母亲对于孩子心智性格成长的重要性，这本书建议大家都去读一读。我在前文中已有过引述，婴幼儿前期的孩子需要母亲完全亲密的"抱持"，才能获得信任感，克服怀疑感，完成希望品质的建立。

英国儿童心理学家温尼科特对战争孤儿进行了长期的观察研究，他阐释了母亲与孩子之间的相互作用如何促进或阻碍孩子发展。母亲在孩子的意识层与潜意识层中是一个不可取代的客体，母亲是婴儿环境的一部分，身为婴儿的照顾者，重要的是提供能促进发展的环境。温尼科特认为：婴儿的需求及温暖抱持的愿望是此阶段最重要的，他们需要"全能"的感觉，无微不至的满足和舒服。比如当婴儿突然变换地方，此时需要一个母亲的协助让婴儿找到适宜的节奏，或者母亲的声音来预示将要发生的事，这种声音的包裹让婴儿在变换的过程中感到被抱持。这就是"自我包裹"，是由母亲来协助完成的"对自我的包裹"。

同时，温尼科特还描述了婴儿成长的后半程，即在前期促进发展的环境给予婴儿一种全能的体验的基础上,婴儿开始和主观性的客体建立关系;亦即,幻想或心理的客体。这时婴儿会做一个很困难的过渡转移,是成长的呈现,在心理上创造和再创造"客观所感知的客体",也就是与除了父母之外的世界建立关系。注意:一个好客体必须是由婴儿出于需求创造出来的,这是父母尤其是母亲需要关注的。不要强加给他某一个客体,当该客体从他人主观性转变为真正被婴儿客观所感知时,孩童就逐渐离开全能的阶段,开始有了自己认识的世界了。

大家看,这与我说的青春期的成长状态何其相似!我也在前文中论述过,像人类婴儿期一样,青春期的孩子是精神世界意志成熟的"抱持"期,他(她)也需要获得信任感,克服"角色的不同一性",建立信念意志。他需要从自己认为自己"全能"的世界中逐渐脱离出来,建立一个真正自己能客观感知到的世界。而且,他不被强加,必须是出于自我需求而创造出来的。这其中,母亲的角色十分重要,据不完全统计,问题儿童中,缺失母亲的单亲家庭孩子占了近80%,高尔基曾说过"母爱是世间最伟大的力量,没有无私的、自我牺牲的母爱的帮助,孩子的心灵将是一片荒芜"。人生的两个重要阶段中母亲的角色尤为关键,都承担了至为关键的任务。

一个家庭中,女人、妻子、母亲举足轻重的作用前人早有名言，孙中山曾经说过"天下的太平安危看女人，家庭的盛衰看母亲"；北宋理学家程颐是女性"三从四德"的倡导者，他的基本立论脉络都集结在《二程集》中，很接地气也很坚决的一句话是"女正者家正也，女正则男正可知也"。说得言之凿凿，确实也有一定道理。好家首先要有一个好的妻子。我们来重温孟子说过的两句关于家室的精辟之语，"丈夫生而愿为之有室，女子生而愿为之有家"。我的理解是：在关于家的问题上，男女是有区别的。女人生来对家的期望和渴盼比男人强烈，男人可能志在四方，事业为重；女子则是更看重一个家庭的齐整完美，这是我们需要明晰并掌握的，尤其需要男同胞掌握，这显示了女人在家庭中与生俱来的重要性。男人可以非主观地组建家庭，但女人的主观性和情感默许要强烈得多，这就是"愿"。"愿"与"不愿"区别可就大了。女人的主观之"愿与不愿"是管总舵的。女人若"愿"那将"美不胜收"；相反，女人若"不愿"其后果也比男人主观"不愿"严重多了，所以，我认为能让女人"愿"有家并持家是好家庭的基础，相应的也是男人的重要责任！激发、支持女人之"愿"是一等一的事，是要紧紧抓住的事，是非同小可的事，为什么？古人有句话早有告诫，"有贤女，则有贤妻贤母矣。有贤妻贤母，则其夫，其子女之不贤者，盖亦鲜矣"[1]。

班昭所著《女诫》能传之后世，说明其中蕴含深刻的道理

当然，就现代而言，女性还承担着不少社会工作和社会任务，很多人不能专心料理家务，但教子的任务多半还是落在女人肩头。我说它是"约定俗成"，因为这是个社会现实，也讲不出太多原因。如果刺激了个别女性，非要问个为什么，非要举出个别暖男相妻教子的例子，非要说要致力改变这个"约定俗成"，我只好说声对不起，我无意争论，我想说的是大概率

---

[1] 印光法师：《增广印光法师文钞·与聂云台居士书》，九州出版社，2012年12月第一版，第209页。

倾向。一般而言，若夫妻两人身体健康，情志健全，成家后目标一致，建设"好家"当是共同追求。作为女性要尽快完成妻子与母亲的角色认知和任务担当，男性则要完成对妻子的角色尊重和护佑妇儿的任务担当，这对双方具有同等的重要性和紧迫性，需要共同为这种和谐美好的局面而努力。

那么什么样的女人是贤妻贤母呢？这里举一个古代著名的女子，汉代的女文学家班昭。班昭是班彪之女，长兄班固是《汉书》的作者，幼兄班超投笔从戎，镇守边关，乃一代名将，班家属名门望族。班昭自己学问水平很高，在哥哥班固去世后，续写汉书；汉明帝时期的邓太后欣赏她渊博的学识，招进宫里做女师，"皇后和诸贵人皆师事之"，被称为曹大家（音太姑）。班昭本人品质高洁，丈夫曹世叔早亡，她没有再嫁人，专心学问并教育子女，自言："恒恐（儿）子谷，负辱清朝，圣恩横加，猥赐金紫……，但伤（担心）诸女，方当适人，而不渐加训诲，惧失容他门，取辱宗族……"就是这样一位教授皇后以及诸贵人遍读诗书研习经史，被尊为"大家"的女性，临近生命的终点，用毕生心血写就一部教育女儿如何为妻的著作——《女诫》，原来是"其勖勉之"自家后代的一本小册子，一本私家教科书，不料京城世家望族，争相传抄，不久以后就风行全国各地，在此后的2000多年中，一直作为女性德行教育的良箴，被列为中国古代女四书之首。我们需要专注的，也是我要强调的，找到拥有德行的伴侣，首先你自己得"配"。你是因，婚姻是果，还是那句话：你的基础是根本。

2. 要做得好

被誉为组织管理学之父的切斯特·巴纳德（Chester Barnard）深入研究了一个组织中核心领导成员的权威问题。以往的权威概念是建立在某种等级序列或组织地位基础之上的。巴纳德则强调权威由作为下级的个人来决定，给予了一种自下而上的解释。如果权威人员的指示得到执行，则执行人身上就体现了权威的建立，如果没有执行则说明他否定了这种权威。巴纳德提出了一个"无差别区"的概念来解释一个组织怎么才能够在这种独特的权威概念下进行工作。

巴纳德提出了两个权威的概念，一是领袖权威，二是地位权威。"地位权威"指的是，命令之所以被接受是因为上级具有权威，而不管上级的个人能力如何；在另一种情况下，命令之所以被接受是由于下级对某个人的个人能力的尊重和信任，而并不是因为他的级别或地位，巴纳德把这叫作"领袖权威"。当地位权威与领袖权威结合在一起时，"无差别区"就产生了。

一般来说，组织成员个人能够并确实理解所传达的命令。他们认为这个命令与组织目标是一致的。他们认为从整体说来这个命令同他们的个人利益是一致。他们在精神上和体力上能遵守这个命令。家庭作为一个微小组织，也遵循这个规律。男人或女人在这个组织中谁应该具有权威作用。

你最好问问自己：自己是什么？是领袖还是员工？是创造者还是享受者？自己是"黑洞"，永远在消耗别人的正能量？是火药，一点就着？是小孩，还是巨婴心态？是懦夫，凡事转身就跑？是刺猬，永远都倒刺向外？或者，你是"太阳"，永远吸引女人围着你转！你有大德，永远让女人对你佩服！你是英雄，永远让女人觉得她可以依靠你……这是男人要回答的问题，家是男人修行的内容，你要经常思考如何剔除顽劣，营建优秀，你要有好妻子，好家庭，必须从自己做起，必须把自己变成"金子"来吸引"金夫人"。如果你头脑够清醒，建议你早早开始。我建议从以下几个方面，去树立自己在家庭中的形象，创造团结和谐、一致向前的家庭。

（1）给人希望

在萨提亚的系统理论中，创始人维琴尼亚·萨提亚（Virginia Satir），曾建议每一个人，在"太阳"与"黑洞"的选项中去选择"太阳"，即给人以温暖，让人向你靠拢。我认为在家庭生活中，男人就应该为其妻子提供强大精神支撑，即使在困难的条件下，也要让妻子看到希望，对未来充满信心。不言而喻，这种信心首先来源于男性自己，自己首先要乐观向上，并充满信心，这需要一颗强大的心脏，需要"我心光明"，修心笃意，要有对自己和发展时局的冷静分析，要有对自身修养和"应事"能力的强烈自信，才会带给伴侣希望，让她在自己的生活里永远也有一颗自信的心。

妻子的状态可以反映丈夫的境界和状态

美国心理学家最新研究表明，孩子们的观察能力和模仿能力极强，通过抽样问卷和数据分析，即使有上一辈参与抚养孩子，孩子还是自然而然模仿和学习父母，并由此形成主要的处事方式和生活习惯。首创"抱持"理论的温尼科特认为孩子出生到三岁间，可以肯定母亲的作用至关重要，尤其是母亲的怀抱以及无微不至的关怀、响应，是决定孩子性格走向的重要基础。但三岁后，父亲将成为孩子重要的引领者和示范者，父亲需要承担起硬朗和雄性的角色，给孩子"骨骼"。在家里，如果父亲像永远充满生命活力的太阳一样，扫除情绪阴霾，给妻子和孩子力量和自信，那他们自然健康快乐，对自己充满自信，对生活充满希望。

（2）给人方向

男儿自当致力发展，开拓前进，并明晰事理，头脑清晰，能成为女性的忠实靠山和精神支柱，在困难面前，作出正确选择，为家的航船把好向，掌好舵。这样说，势必激起女权主义的反对，说仿佛女性就该做男性的附庸似的，其实，我不否认女性的突出作用，也不排斥社会充分发挥女性的作用，我只是提倡在正常情况下男女各尽其能，琴瑟和鸣，和谐相处而已。当下社会的男女平等就是一种很好的男女智慧的结合，双方能互敬互爱，凡事商议，两人努力形成任何时候都互相欣赏和支持的状态，我看这是当下社会的主流，本身是时代前进的良好表征。如今，女性能够充分表达自己的意见，许多女中豪杰博学多才，思维敏捷，颇有主见，在不少领域成为行业翘楚。这只会给男性更多激励和鞭策的力量。不能说女性发挥作用，男性就应该让路；男性作为主导，女性就被欺侮；女性"登堂入室"，男性就应该激烈反弹，马上行动，防止成为女权主义社会等，这些都是幼稚的看法。当今世界（除了个别国家）和中国社会在这个问题上已经很成熟了。即使是事业有成颇有主见的女性，还是会尊重男士，并不反对和她的爱人，共同发挥聪明才智，推动家庭和事业的航船向前进。

但不论怎样，正常家庭女性出于传统意识，或者是女性的集体无意识，仍然希望在重要时刻男性能为自己拨云见日，解除烦恼，指出方向，这是当今社会普遍的倾向，没有对谁的不尊重或过于抬举。一般来说，环境对男性有更高的期望，男性自小也被环境教化，也都知晓并努力自我加压和躬身实践，在家庭里强化学习，强化修养，锻炼思维，锻炼判断，像锻炼身体一样锻炼心智，完成自己该有的角色承担。

（3）给人力量

男性要给女性力量。世间的认定和期望中，一般男性需要高大威猛一些，人们大概率是认为在身高上男性应该高于女性（个别情况除外），在陌生环境，在正常情况下，男性由于它体量大，个子高，在女性的心目中，就是一种力量的感觉。不过，对男人来说，你可千万莫要仅仅依赖身体，也许你并不高大，也不魁梧，不过你要记住，一定要给妻子有力的感觉，在日常生活和日常琐碎中，显示出不惧艰险、迎难而上的品质以及相伴随的行为和行动。

仔细判别，男性的力量之说在虚实之间都是需要认识清楚并思维延展的。

一为"实"，即壮劳力，就是你有一副好身板，可以为女性驱除危险，遮风挡雨，也可以为家庭，担水劈柴，架屋砌墙，肩扛手提，一专多能，这是有力量的表现和象征，是女性出自本能情愿依靠的对象，并且也是在婚姻初期以及未来能得到女性家庭全面支持的基本条件和优先条件。以色列作家尤瓦尔·赫拉利（Yuval Harari）在他的《人类简史》上对男性和女性的婚姻家庭观进行了非常深刻的分析，他指出，女人繁衍的基因占比较高，延续和繁衍是刻在女性基因里的，女性对后代生存和家庭存续具有强烈的主观愿望和意念，这使得女性更倾向于选择能够维系家庭、确保安全、护佑后代、安定生活的伴侣，所以，强悍是首选项、必选项。女性把远古时期更喜欢能打来更多猎物，能够抵御外敌的"孔武"男人的择偶基因几乎无差别的继承了下来。

我在前面引用过孟子的话，"丈夫生而愿为之有室，女子生而愿为之有家"，说男人和女人在对待成家这件事上内心的认识是略有区别的。"室"有多间，是具象存在，"家"就一个，它是宏观单元，精神所在；"室"是烟火生活，"家"是一生托付。这是两个层面的事。赫拉利说：男性更注重于传宗接代，所以，一夫多妻在远古并不奇怪；而女性则更注重生养看护，稳定繁衍。赫拉利研究出的"基因"迥异被中国孟老夫子用"家""室"两个字勾勒得如此鲜活。

普通人有时不如残疾人出色是因为不珍惜还是不屑？

这是一个很有意思的话题。尽管以色列的这位人类学家和中国的伟大哲学家中间差了两千多年，但他们对女性、对女人家庭的思维认识概括和分析竟然如此一致，说明古今中外，道理是相似的。首先,女性对家更重视,她要考虑屋檐下的繁衍和安全,所以,她更愿意选择强壮的男性,这对她来说有安全感。其次,因为重视,她的"愿"就不轻易,不草率,必须有强大的力量说服,她才"愿"。有了"愿"说明她已经选择好了,满意了,才"为之有家"。而男性则有"室"即可,甚至需要多"室",为人类延续贡献力量。

  基因传承下来的,使女人"愿"的首要条件是什么?是孔武,是强大!这是本能,要打破常规恐怕就要"力排众议",所以男子要努力使自己强壮些,给女子力量的感觉,向女性展示你有力量劳作奔波,保护妻女,让她相信,你有并且愿意在婚姻中持续释放"力量"的能力。这里有一个典型的例子是美国黑人残疾运动员 Z. 克拉克,他先天性没有双腿,但通过艰苦的训练成为职业摔跤运动员,成绩斐然,又参加轮椅项目比赛,是学校乐队的架子鼓手和小号手,体育特长之外,他还获得了美国肯特州立大学商业管理博士学位。这其中超乎常人的艰辛和汗水,只有他自己知道,这就是男人的力量,克拉克常常在身体后背写的励志语言是"没有借口"。

  我们也不能就此理解为男人在对待家庭的问题上轻浮,因为按照角色分工,男人要繁衍种族,要优化遗传,要寻找食物,要放眼世界,的确不能只关注家长里短,否则,也不正常。正因为这样，你才更要把家安好，把"她"安置好，让"她"愿之为你有家，你才能勇往直前，你才能无后顾之忧，这正是我把"好家"列为"四好"的原因，也正是我说：人生要有作为，必然有也必须有好的家庭的原因，尤其是如果"体"或"能"先天不足，就更是要处理好"后方"的工作。

二为"虚"，虚的力量就是拥有征服世界的无形力量。有个谚语说得好，女人依靠征服男人来征服世界，而男人则是靠征服世界来"征服"女人。男性身上应该存在的一种力量，是能指挥千军，决胜千里，拥有权力，指挥若定的力量。我们看，拿破仑尽管个头并不高，却能成为三军统帅，在战场上连克劲敌，被认为是那个时代包括法国在内的世界上最有力量的人。据史料记载，心学的创始人王阳明也是瘦弱身材，而且患有肺病，却弹劾宦官，不畏权贵，治理县域，连克土匪，平定叛乱，是公认的大明最有力量的人，实现了立德、立功、立言的不朽业绩。这样的男人，相比较发达的肌肉、高挺的个头丝毫也不逊色，他们强大的精神世界和征服世界的"虚"功是有力的，而且是攻无不克的，在所有人心目中都是有力量的。

那作为普通人，没有那样的机遇，让你治理一方，指挥若定，也没有机会，让你枪林弹雨，建功立业。但生活中确实有

"事"等你"练"呢,你必须做到,遇事临危不乱,临险不惧,临难不退,这就是你力量的体现,是你在"虚"的方面力量的体现,同时,你镇定自若,处置得当,胜不骄奢,败不气馁,日常琐事依目标笃行,遇突发事件坚定勇毅,认人识物有冷静判断,因地制宜有应对之策,我觉得,你即便没有汤姆·克鲁斯之英俊,没有C.罗纳尔多之帅气,没有泰森之强大肌肉,你也是一个有力量的男人,你会赢得你爱人的尊重,从而夫妻内外和谐,阴阳平衡,家庭幸福。

(4)给人快乐

快乐是什么呢?快乐就是愉悦,快乐就是大家在一起开心。给家人快乐,当然你首先要树立正确的价值观,如果你引领的家庭是以金钱作为唯一快乐的目标,那恐怕你的方向就错了,你本身有问题,你就不会赢得真正的快乐,你的家庭的快乐也不会持久,所以,快乐的前提是,你要在家里与爱人确立一个正确的价值观,产生它之前,就要树立正确的人生观、世界观,解决好我是谁?为了谁?我们是谁?我们要建立一个怎样的未来?什么是幸福?什么是幸福的家庭等带有"总开关"性质的问题,这些"总开关"问题,还是像前面所说,是你们"心"的问题,是你们需要达成共识的问题,如果没有基础,也就无法做到。

怎么才能快乐呢？我想引用王阳明所说的做人之道，即"以正合，以奇胜"。

以正合，一定要了解并遵循人间正确的道德观念。什么是道德？我认为：道是自然的规律，人间的法则，需要诚服的心中信仰，需要遵循的伦理秩序；德，是践行的过程，实践的结果，伦理的实施。二者合为一体，即为人的高尚精神追求。有道德，有良知，人生才有不断攀援向上的境界，这个根要立好，才能根深而叶茂，前面讲过的"内圣外王"，在这里也适用，内心要有圣人之道，圣人之学，圣人之训，要有"圣"的规矩戒律，"圣"的追求和向往，这是一个人，一个家的根本，还要向外做出来，就是以正合，就是用"道"和"理"把大家的思想聚拢，把大家的精神合起来。这个说起来不难，做起来并不容易，为什么？人的思想是最难统一的。首先，你要选对人，必须有一个与你有共同道德追求的对象，人们常说"知书达理"，先要找到这样的人才行。但"对象者，看起来像你"，我们又回到老话题了，还是取决于你自己是个什么人，事实上，人都是在同一层次上互相吸引的，你自己首先要"高、大、上"。网上曾经流传一个所谓的"最牛朋友圈"的八卦文章，说原来都是名人之间在互相联姻，比如，民国著名教育家傅斯年的妻子是俞大彩，他的妻舅哥俞大维是著名的物理学家、政治家，俞大维又娶了国学大师陈寅恪的妹妹做夫人，等等，言下之意，仿佛都是故意攀附的。实际上，那个年代婚姻关系多半源于圈里人互相牵线，你在哪个圈子，自然就在圈子里发生关系，身份背景相似也是情理之中的事。时至今日，这样的状态仍然是存在的，甚至是普遍的，人们还是信守着"门当户对"的老理。现在有句话，你考上什么档次的大学，很有可能将来男朋友就是什么学校的。《中国家庭发展报告2016》显示，1980年以后，越来越多的人，选择与教育背景相似的人结婚。"男高女低"的婚配模式越来越少，通过婚姻实现阶层跨越越来越难了。"你是谁，就会嫁给谁。"有的夫妻都是藤校毕业，有的夫妻都毕业于沃顿，有的夫妻一个北大一个清华。学识影响眼界，眼界决定格局，同层互相欣赏和选择，在婚姻上体现得尤为明显。

所以，无论走到哪里，处于哪个朝代，好的婚姻关键是要看两个人见面以后能否心灵碰撞，是否彼此吸引。我在这里则更强调一定要看清楚双方是否共同拥有"正"的基础，是不是志向高远，情趣高尚。因为这是两人在一起以及家庭和的基础。哪怕有一点仰望星空的东西，一些"诗和远方"作为你们共同的目标和追求，你们的生活都有"正"的胚芽。反之，一味被琐事所牵绊，则难以长久快乐。因为它经不起推敲，很容易粉碎，它经不起波折起伏，它永远欲壑难平。这正是我认为，快乐首先要以"正合"的原因。若真是另一半与"正"有差距，那就要倾心培养了，要培育，矫正，以正合，以理服，把对方培养起来。要用自身去影响你心爱的人，创造让彼此快乐的思想认识和人生目标。

互相欣赏，互相信赖，才能共同攀登高峰

以奇胜，就是强调智慧了。我们说，其实快乐是需要有智慧的，所谓以奇胜，就是强调智慧。一家人之间还讲智慧？有些人不以为然，以为是耍心眼，其实不然，有教育专家说得好，家是需要"经营"的！相信凡是有过一定生活经历的人会很赞同这句话，家不是旅馆，家不是放任自流的地方，有一口子人在，甚至有一个小朋友在，你给他们什么，怎么给他们快乐幸福？真需要好好"经营"！"经营"就要有头脑，无论是夫妻之间，还是父母与孩子之间，如何和谐相处，如何化解矛盾都是需要智慧的，而且，一个人真正能在琐碎和困难之时给大家带来快乐，没有智慧也是万万做不到的。比如，怎样处理工作与家务的冲突？怎样处理亲戚之间的矛盾？怎样安慰身心疲惫的爱人？怎样纠正处于叛逆期的孩子？怎样撒下善意的谎言？怎样在重要节日给家人惊喜？前面提到的班昭，在《女诫》一书中，所提到女性言语中，有这样八个字，叫"时然后言，不厌于人"，这是很高的标准，这需要很高的情商。说话要做到不厌于人，没有一定的智慧，怎么能做到呢？一家之主非具备强大的头脑不行，这不是耍心眼儿，而是持家之道，如果你不是个中高手，你的家庭可能经常被琐事搅得乱七八糟。

"奇"中之更高境界，就是幽默。幽默是一个人有智慧，有自信，有能力的表现。莎士比亚说，幽默和风趣是智慧的闪现。哲学家松林甚至说，幽默来自智慧，恶语来自无能。作家司各特说：幽默，它永远胜过诗人与作家的智慧，它本身就是才华，它能杜绝愚昧。奥地利心理学家弗洛伊德难得在幽默感问题上发表意见：并不是每个人都具有幽默态度，它是一种难能可贵的天赋，许多人甚至没有能力享受人们向他们呈现的快乐。我们要营造幸福的家庭，要营造温馨的港湾，为了给家人带来快乐，就努力去培养幽默感吧，幽默能使人在委屈时破涕而笑，在艰难中重拾信心，在绝望中看到力量，在无奈中看到自信，也是一个"好家庭"必备的精神食粮和常规交流"武器"。我们经常看国外的影片，都叹服片中人物的幽默感和洒脱。排除其作为文艺作品的夸张手法，西方人尤其是五月花号带到美洲大陆的美国人的确有在语言上充分放松自己的传统。这值得我们学习，这也是一个"练"的功夫，是一个男子汉致力于"好家庭"建设的内容之一。西方的某些价值观我们未必采纳，但遇到困难时轻松面对的状态确是需要的，这也是一个男子汉有力量的表现。

第三章 人生的练路

"修身齐家治国平天下"至今仍印在中国人心里,说明孔夫子的伟大

戊戌变法主将梁启超的二夫人王桂荃,引人瞩目不是因为她是梁启超的爱人,而是她作为还缠着足的旧时代女人却意外有着豁达的胸怀和难得的幽默。她经常讲笑话和故事给孩子们听。当年其子梁思成学建筑,梁思永学考古,梁思忠学军事,她曾经风趣地跟别人说:"我这几个儿子真有趣,思成盖房子,思忠炸房子,房子垮了,埋在地里,思永又去挖房子。"梁家的孩子从王桂荃身上学到了这种乐观向上的精神,他们大都从事科学工作并个个成才，一家出了三位院士，即建筑学家梁思成，考古学家梁思永，火箭控制学家梁思礼。

一个家庭，以正合，以奇胜，即使是小有争执，也是一个充满理解的家庭，洋溢着快乐，这是我们在人生道路上十分需要的。若行大事，必先齐家，这是中国人的道理，也是人类社会的规律，即使是在存在不同价值观的西方，这个道理，也是通用的。在此刻，重温《礼记·大学》中的文字，还是很有亲切感的，感到它说到了人的心里边："夫之欲明德于天下，先治其国，欲治其国者，先齐其家，欲齐其家者，先修其身，欲修其身者，先正其心，欲正其心者，先诚其意，欲诚其意者，先致其知。致知在格物，物格而后知至，知至而后意诚，意诚而后心正，心正而后身修，身修而后家齐，家齐而后国治，国治而后天下平。"这就是在中国传诵了千年的修身齐家治国平天下的理论原出点，这是孔子在观察了那个时代社会发展的过程中，作为一个个体如何去建立内心追求，践行伟大理想，渐知行事做人，完成自我实现这个过程的总结。要义是：一切的出发点都是你认识清楚了，通过对实践的探索你认识清楚了，你对事物有了清醒认识，你对你的环境、你的目标、你的使命有了清醒的认识，你的内心莹彻如初，像光明笃定的太阳，然后调动自己一步步去实践，去工作，去生活，去攻关，去前进，就会走向胜利的彼岸。直至今天，我们人类社会有了许多新的科技，新的技术，在千帆竞发、百舸争流的大海航行中，这仍然是有效的实践法则。

写在后面的话

一、知行的平和

到这里，本书就要结尾了，读了我建议的这些"一二三四"，愿意去做的人，我认为即使你不是成功人士，那也是一个高尚的人，一个快乐的人，一个有益于社会的人，一个有影响力的人，一个能赢得他人尊重的人。

我一直在想，我言之凿凿，别人看到这本书会是什么反应呢？一种是认为胡说八道，弃之如敝履；一种认为，还有些道理，可以给自己一个参考，放在桌边，偶尔翻翻，那真是件幸事。作为一个并不出众的人，可能上天给了你许多限制。人在成长历程中，有多重因素作用于自身，实际上是一边经历林林总总，一边身体拔节成长，最后成为某一种样子。这其中，有多少是先天限制，有多少又是后天努力呢？我的看法是：物质不灭定律和能量守恒定律在人类社会，在"人"这种灵长类动物身上有着一种规律性的显示。我前面引用过，后人评价梁启超时有一句话说，"有过人之才，必有过人之欲"，这个话反过来也是对的，有过人之欲，必有过人之才。各位读者可以去观察你身边的现实社会，看看是不是这样。身体的物质基础与外在的作为的确存在着某种对应关系。

如果你天生小气，如果你天生敏感，如果你经常感到不够强悍，如果你稍微干点活，就感到支撑不住，如果你经常力不从心，那你就做好准备，你可能不会有太惊世骇俗的成绩。

我把这些挑破说，是想告诉你，若真的是这样，你在看完这本书后就别再太过沉重，别对自己要求太高了，你就释然吧。如果不想有更高的人生追求，就由它去吧，不被外人认可、自得其乐的日子也可以很幸福啊！实际上，关键在你的内心，你怎么认识，怎么看待。人生有很多开心模式，比如，你有一个好老公，你有一个并不天天逼着你去拼命的老婆……"知行合一"，这就是"知"，你知道了，按照自己喜欢、舒服的方式去做了，就是"行"，这就是你自己的"知行合一"。

二、心念与笃行

人是要有一点精神的。如果我们并不出众，为什么不把自己变得更有力一点呢？王阳明说的"心"，作用力是巨大的。在阳明"心"之说以前，人们对"心力"的理解实际是内在意志力的认识。说到底就是因为认知的到达，身体凝聚了全身的力量去攻坚克难，这就是意志力。人内在的意志力是可以焕发身体力量的。拿破仑身材较矮却当了皇帝，霍英东并不雄伟却成为著名人物。这样的特例还可以举出很多。他们放到人群里也并不出众，观察他们人生波澜壮阔的经历，他们的改变，都源于个人的持续努力，吃苦耐劳，不畏艰险，坚韧不拔，吃得别人不吃的苦，下得别人不下的功夫，才取得了各自的成绩。而这一切，都来源于他们内心的坚定，心的坚强，心的伟大。王阳明有一段深刻的话语："人得此而生，若主宰定时，与天运一般不息，虽酬酢万变常是从容自在，所谓天君泰然，百体从令。"[1] 是说，"心"的强大，力敌千钧。即使身单量薄，也能取得成功，也能克敌制胜！

---

[1] 王阳明：《传习录·薛侃录》，中国华侨出版社，2014年1月第一版，第245页。

写在后面的话

不懈努力到达山顶，这个过程让人陶醉

网传美国西点军校有个"野兽"计划，在开学一年级进行，很多人经受不住，1/5 的新生在一年级结束时选择退学。这一现象引起了宾夕法尼亚大学知名心理学教授安吉拉·达科沃斯（Angela Duckworth）的兴趣，难道入学前那些严苛的智商、情商、天赋测试还不足以证明这些学生足够有潜力吗，为什么"野兽"计划还能淘汰如此多学生？要知道这些退出的学生原本完全有资格进入哈佛、耶鲁等世界名校的。到底是"野兽"计划故意为难学生，还是这个计划真的发现了这些学生的人格缺陷？达科沃斯展开了一系列被称为"坚毅测试"的研究，对历年"野兽"测试中成功或者失败的学生进行了调查，发现最终完成"野兽"计划的学生大部分有极为成功的事业、美满的家庭，而他们成功的秘诀就是他们当年在"野兽"计划里学到的那些秘诀，就是那些秘诀让他们富有激情、韧性、进取心，从而后来使他们取得了巨大成功。这个秘诀的关键词是：自信、坚韧。有一颗强大的心，强大的自信心，面对任何艰难困苦、曲折委屈都信心十足，从心里蔑视它们并坚持自己的追求。

国外用实验证明了信念和意念的力量。美国著名心理学家罗森塔尔和雅格布森（Rosenthal & Jacobson）对心理自我精神暗示的作用进行了一项科学实验。人们在引用时习惯称之为"罗森塔尔实验"。心理学家们先找到了一个学校，然后从校方手中得到了一份全体学生的名单。在经过抽样后，他们向学校提供了一些学生名单，并告诉校方，他们通过一项测试发现，有些学生有很高的天赋，只不过尚未在学习中表现出来。其实，这是从学生的名单中随意抽取出来的几个人，没有经过任何测试。但是，在学年末的测试中，被点到的学生的学习成绩的确比其他学生高出很多。研究者认识到，人认识到自己的非凡以及激发的用功和非凡成果之间存在正向关联，越自信，越前进。一方面由于教师认为这个学生是天才，因而对其寄予

写在后面的话

更大的期望,在上课时给予他更多的关注,通过各种方式向他传达"你很优秀"的信息;另一方面来自学生感受到教师的关注,因而产生一种强烈的心理暗示,所以他迸发出强烈向上的信念和意念,终于把子虚乌有变成现实。理想信念确实是有力量的。

信念和意念,我们中国人是很看重的。前面提到的那些抛头颅洒热血的革命烈士,归根结底是伟大的革命信念在有力支撑他们上刀山下火海。孟子将信念和意念称为"浩然之气",此气"至大至刚,以直养而无害,则塞于天地之间。其为气也,配义与道",注意,不是一般的思虑想法,而是匹配大"道"的信念。

整个东方的哲学和人文社会历史其实都十分强调意念的作用,印度发源的佛教,把祛除欲念的苦修和灵魂的圆满作为终身的事业,中国人则把"不战而屈人之兵"视为与外界斗争的最高境界。有许多的英雄豪杰都是强大精神力量信念和意念的典范,有很多"不食周粟""宁死不屈""鞠躬尽瘁"可歌可泣的事迹和人物,可以说壮怀激烈,感天动地。这几乎是中华优秀传统文化的核心。这其中最经典的当属孟子的名言:"居天下之广居,立天下之正位,行天下之大道。得志,与民由之,不得志,独行其道。富贵不能淫,贫贱不能

移，威武不能屈，此之谓大丈夫。"❶

但要防止另外一种倾向。对意志力的过于执着，认知走偏就可能轻事重理，过于注重精神层面的东西，不注重对事物的探究，不擅长技术性追求，缺乏科学精神，仿佛心有多大，成绩就有多大。孟子就曾说过：（气）是集义所生者，非义袭而取之也。❷ 也就是说精神的力量是集合人间大道在实践中修炼出来的，不能靠一时的感情冲动攻坚克难。王阳明说：要使知心（与）理是一个，便来心上做功夫，不去袭义于外，便是王道之真。此我立言宗旨。❸ 综合其意，在对待精神力量方面，要靠精神提领身体动能，但一味空谈论道，只走形而上的路径不行，要真正从与社会实践的碰撞中，在行文立事的挫折中，在苦与泪的交织中去训练强大的内心力量。王阳明是中国文化尤其是儒家文化的集大成者和发展者，他继承了儒家将精神作为引领的光荣传统，又开创性地提出"知行合一"，他要求人们不要一味妄自强大，光知"道"不行，光有精神不行，还要行动。要想做，知做，愿作，敢做，能做，善做；要想行动，敢行动，会行动，"练"行动，练出一片天，这才是内心真正

---

❶ 《孟子·滕文公下》，商务印书馆，2017年10月第一版，第117页。
❷ 《孟子·公孙丑上》，商务印书馆，2017年10月第一版，第51页。
❸ 王阳明：《传习录·黄以方录》，中国华侨出版社，2014年1月第一版，第411页。

的强大。你自谓强大,根本不去做事,遇事"一触即溃",强大在哪里呢?根本不存在。

人生的修炼之路就是这样,有人胜出,有人沉寂,有人淘汰

所以我说王阳明很伟大,"内圣外王"很有概括力。精神的力量,光明的内心力量找到了就落实,在每一件事情上实操,去培养能。持续追求的状态和不折不回所赢得的成果,才是西点军校所要求的"强大",才是王阳明般的"心如磐石"

式的坚定，才是人生的大境界。这是我们在人群里不出众的人可以学习的实践科学，是可以践行的人生之路。

这是本书的逻辑推理，这是本书描绘的由"知弱"到"强弱"的行进路线图。

人生的每一步，每一天我们都在做事，实际上人生其成就也是这些事的累积和叠加，一生能做多少事呢？能做多少有用的事？能做多少被别人记住的事呢？回头看看，你最后的结果都是那些有意义的事情的总和。可惜，有些人不会做，有些人不能做，有些人没机会做，有些人不愿做，有些人有心而无力。这就使人生最后的境界层次有了分别和差距，所以，在我看来，人生是"做"出来的。

回到本书开篇我所提出的问题，人生究竟是什么？人生究竟要经历怎样的过程？现在有答案了，一切都在于你自己怎么做。在于你修炼内心，在于你练达事功，在于改变你自己。从早晨睁开双眼做起，你需"做人""做事""做境界"三箭齐发。做人，你要平和友善，乐于助人，甘于奉献；做事你要勇挑重担，技术领先，坚韧不拔，细节优异；做境界你要内心光明，胸怀远大，追求真理，普济天下。做好每件事决定了一个人人生的层次和结局。

现在我们再来重温英国伦敦威斯敏斯特大教堂无名氏的墓

碑上著名的墓志铭:"我突然意识到,如果一开始,我仅仅去改变自己,然后作为一个榜样,我可能改变我的家庭,在家人的帮助和鼓励下,我可能为国家做一些事情,然后,谁知道呢,我甚至可能,改变这个世界。"此刻再读,是不是理解和感悟又不一样了呢?

三、人生的莹彻

但是,你还是要有失败的准备,要有平和接受的心态。

学者周国平曾说:人生有三次成长:一是发现自己不再是世界中心的时候,二是发现再怎么努力也无能为力的时候,三是接受自己的平凡并去享受平凡的时候。此话信然。

网上"秦朔·朋友圈"里作者"我是忆媚"写道:"若要总结年轻时的特征,一是理想,任何事情都想要一个正确答案,二是局促,世界在眼中还是一个典雅的谜语,三是侥幸,总觉得自己会是特殊的那一个。而现实最擅长的就是为理想主义者、无知者和投机者提供困境。"

我说,以下有若干个"若":

若你知了,知道个中规律,前途路径,就去做,不是耽于空想,而是踏实去做,这个状态是我们需要保持的。这种

"知"与"行"是我们人生的标配版。

若你知了，知道个中规律，前途路径，就去做，做得有声有色，最后志得意满，成了"内圣外王"的成功者。这种"知"与"行"是良知的胜利。

若你知了，知道个中规律，前途路径，就去做，做得不尽如人意，最后未必成功，但重要的是没有虚度光阴，碌碌无为。

若你都做了，直到结束那一天，自己感到并不理想，但你探究出了缘由，生发出新的"知"，这种"知"与"行"是"知行"的升级版。

若你知道自己的条件，知其难为而不为，并不想去做什么，也就不做吧。你有了这个"知"，并配套了"行"，也是一种选择。这种"知"与"行"也是一种境界。

若你知道前路漫漫，世事艰难，但仍然去做，不求结果，只求问心无愧，有了这个"知"，并配套了"行"，结果有与无不能动摇你的心旌，这同样是境界。而且，拥有这种态度和境界多半是世间的英雄。

若我们对人类与世界关系有清醒认识，知道物质世界或者说自然界形成的一些东西是很难用人力加以改变的，从而尊崇自然，尊崇天道法则，尊崇绿水青山，尊崇人之常情，这种

"知"与"行"将是泰然,将是和谐,将是友好的环境,将是大同的社会。

以上的这些"若",其核心的"筋骨"就是四个字:"知行合一"。其核心的要义是:人生莹彻。

参考文献

[1][美]埃德加·斯诺.红星照耀中国[M].董乐山,译.北京:人民文学出版社,2016.

[2][美]埃里克·H.埃里克森.同一性:青少年与危机[M].孙名之,译.北京:中央编译出版社,2017.

[3][法]安妮·拉弗尔.百分百温尼科特[M].王剑,译.桂林:漓江出版社,2015.

[4][美]切斯特·巴纳德.经理人员的职能[M].王永贵,译.北京:机械工业出版社,2013.

[5]陈寿.三国志[M].北京:中华书局,1952.

[6][日]稻盛和夫.稻盛和夫语录100条[M].曹岫云,译.北京:机械工业出版社,2015.

[7]寒山客.大清首辅张廷玉[M].广州:广东人民出版社,2017.

[8][美]科里·帕特森,等.关键对话[M].毕崇毅,译.北京:机械工业出版社,2017.

[9] 郦波. 500年来王阳明[M]. 上海：上海人民出版社，2017.

[10] [美] 理查德·格里格，菲利浦·津巴多. 心理学与生活[M]. 王垒，等译. 北京：人民邮电出版社，2016.

[11] [美] 迈克尔·桑德尔. 公正[M]，朱慧玲，译，北京：中信出版社，2012.

[12] 双根. 王永庆全传[M]. 武汉：华中科技大学出版社，2010.

[13] 孙力科. 任正非传[M]. 杭州：浙江人民出版社，2017.

[14] 唐浩明. 曾国藩[M]. 长沙：湖南文艺出版社，1990.

[15] 王阳明. 传习录[M]. 北京：中国华侨出版社，2014.

[16] [美] 维吉尼亚·萨提亚[M]. 易春丽，译. 北京：世界图书出版公司，2006.

[17] 王觉仁. 王阳明心学[M]. 长沙：湖南人民出版社，2013.

[18] 习近平. 习近平谈治国理政[M]. 北京：外文出版社，2014.

[19] [美] 亚伯拉罕·马斯洛. 动机与人格[M]. 许金声，译. 北京：中国人民大学出版社，2012.

[20] [以] 尤瓦尔·赫拉利. 人类简史[M]. 林俊宏，译. 北京：中信出版社，2017.

[21] 袁了凡. 了凡四训：详解版[M]. 北京：中国华侨出版社，2014.

[22] 岳南. 南渡北归[M]. 长沙：湖南文艺出版社，2015.